教科書ガイド

啓林館版

深進数学B

TEXT
BOOK
GUIDE

文研出版

目次

第1章 数 列

第1節 等差数列・等比数列

1 数列とその項

問 1 次の数列 $\{a_n\}$ の初項から第5項までを求めよ。

教科書 p.7

(1) $a_n=3n+1$ (2) $a_n=3\cdot 2^n$ (3) $a_n=(-1)^n$

ガイド 数を1列に並べたものを**数列**といい，数列の各数を**項**という。

数列の項は，最初から順に第1項，第2項，第3項，…… といい，n 番目の項を**第 n 項**という。とくに，第1項を**初項**ともいう。

数列を一般的に表すには，

$$a_1,\ a_2,\ a_3,\ \cdots\cdots,\ a_n,\ \cdots\cdots$$

のように書く。また，この数列を $\{a_n\}$ とも表す。

a_n の式が与えられているとき，$n=1,\ 2,\ 3,\ \cdots\cdots$ をそれぞれ代入すると，初項，第2項，第3項，…… が求められる。

解答

(1) $\boldsymbol{a_1=3\cdot1+1=4}$

$\boldsymbol{a_2=3\cdot2+1=7}$

$\boldsymbol{a_3=3\cdot3+1=10}$

$\boldsymbol{a_4=3\cdot4+1=13}$

$\boldsymbol{a_5=3\cdot5+1=16}$

(2) $\boldsymbol{a_1=3\cdot2^1=6}$

$\boldsymbol{a_2=3\cdot2^2=12}$

$\boldsymbol{a_3=3\cdot2^3=24}$

$\boldsymbol{a_4=3\cdot2^4=48}$

$\boldsymbol{a_5=3\cdot2^5=96}$

(3) $\boldsymbol{a_1=(-1)^1=-1}$

$\boldsymbol{a_2=(-1)^2=1}$

$\boldsymbol{a_3=(-1)^3=-1}$

$\boldsymbol{a_4=(-1)^4=1}$

$\boldsymbol{a_5=(-1)^5=-1}$

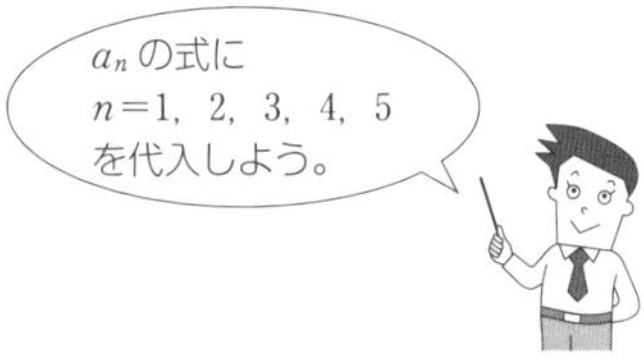

問 2 次の数列 $\{a_n\}$ の一般項を推定し，n の式で表せ。

教科書 p.7

(1) $1,\ 8,\ 27,\ 64,\ 125,\ \cdots\cdots$ (2) $\dfrac{1}{2},\ \dfrac{2}{3},\ \dfrac{3}{4},\ \dfrac{4}{5},\ \dfrac{5}{6},\ \cdots\cdots$

(3) $1,\ -\dfrac{1}{3},\ \dfrac{1}{5},\ -\dfrac{1}{7},\ \dfrac{1}{9},\ \cdots\cdots$

ガイド 数列の第 n 項 a_n が n の式で表されるとき，a_n を**一般項**という。数の並び方を観察し，項の番号との関係性を見つけ出す。

解答 (1)　この数列は，1^3，2^3，3^3，4^3，5^3，…… であるので，一般項 a_n は，$\boldsymbol{a_n=n^3}$ と推定できる。

(2)　この数列は，$\dfrac{1}{1+1}$，$\dfrac{2}{2+1}$，$\dfrac{3}{3+1}$，$\dfrac{4}{4+1}$，$\dfrac{5}{5+1}$，…… であるので，一般項 a_n は，$\boldsymbol{a_n=\dfrac{n}{n+1}}$ と推定できる。

(3)　この数列は，

$$\frac{(-1)^{1+1}}{2\cdot1-1},\ \frac{(-1)^{2+1}}{2\cdot2-1},\ \frac{(-1)^{3+1}}{2\cdot3-1},\ \frac{(-1)^{4+1}}{2\cdot4-1},\ \frac{(-1)^{5+1}}{2\cdot5-1},\ \cdots\cdots$$

であるので，一般項 a_n は，$\boldsymbol{a_n=\dfrac{(-1)^{n+1}}{2n-1}}$ と推定できる。

2　等差数列

問 3　次の数列が等差数列であるとき，□にあてはまる数を入れよ。
また，初項と公差をいえ。

教科書 p.8

(1)　5，3，□，□，□，……　　(2)　□，1，7，□，□，……

ガイド 数列 a_1，a_2，a_3，a_4，……，a_n，…… において，各項に一定の数 d を加えて次の項が得られるとき，その数列を**等差数列**といい，数 d を**公差**という。このとき，すべての自然数 n に対して，$\boldsymbol{a_{n+1}=a_n+d}$ が成り立つ。これより，$\boldsymbol{a_{n+1}-a_n=d}$ が成り立ち，1つの項と，その1つ前の項との差はつねに一定の値となっている。

解答 (1)　$3-5=-2$ より，この数列は -2 を次々に加えてできる等差数列である。

よって，　5，3，**1**，**−1**，**−3**，……

初項は 5，公差は −2

(2)　$7-1=6$ より，この数列は 6 を次々に加えてできる等差数列である。

よって，　**−5**，1，7，**13**，**19**，……

初項は −5，公差は 6

☑問 4 次の等差数列 $\{a_n\}$ の一般項を求めよ。また，その第7項を求めよ。

教科書 p.9

(1) 初項 -5，公差 4　　(2) $8,\ 3,\ -2,\ \cdots\cdots$

ガイド

ここがポイント [等差数列の一般項]

初項 a，公差 d の等差数列 $\{a_n\}$ の一般項は，

$$\boldsymbol{a_n=a+(n-1)d}$$

初項 a，公差 d を，

$$a_n=a+(n-1)d$$

に代入する。

$a_1,\ a_2,\ a_3,\ a_4,\ \cdots\cdots,\ a_{n-1},\ a_n$
$+d\ \ +d\ \ +d\ \ \cdots\ \ +d$
$(n-1)$ 個

第7項は，求めた一般項に $n=7$ を代入する。

解答 求める等差数列の初項を a，公差を d とする。

(1) $a=-5,\ d=4$ であるから，

一般項は， $a_n=-5+(n-1)\cdot4=\boldsymbol{4n-9}$

また，**第7項は，** $a_7=4\cdot7-9=\boldsymbol{19}$

(2) $a=8,\ d=3-8=-5$ であるから，

一般項は， $a_n=8+(n-1)\cdot(-5)=\boldsymbol{-5n+13}$

また，**第7項は，** $a_7=-5\cdot7+13=\boldsymbol{-22}$

☑問 5 初項3，公差 -2 である等差数列 $\{a_n\}$ のある項が -105 である。この項は第何項か求めよ。

教科書 p.9

ガイド 一般項 a_n を求めて，$a_n=-105$ とおき，n についての方程式を作る。

解答 初項が3，公差が -2 より，一般項は，

$$a_n=3+(n-1)\cdot(-2)=-2n+5$$

$a_n=-105$ より，　$-2n+5=-105$

よって，　$n=55$

したがって，**第55項**である。

☑問 6 第4項が8，第13項が35である等差数列 $\{a_n\}$ の一般項を求めよ。

教科書 p.9

ガイド $a_4=8,\ a_{13}=35$ から，初項 a と公差 d についての連立方程式を作り，

まず，a と d を求める。

解答 この等差数列の初項を a，公差を d とすると，

$a_4=8$ より，　$a+3d=8$　……①

$a_{13}=35$ より，　$a+12d=35$　……②

②−① より，　$9d=27$　$d=3$　……③

③を①に代入して，　$a+3\cdot3=8$　$a=-1$

よって，初項は −1，公差は 3 であり，

一般項は，　$\boldsymbol{a_n}=-1+(n-1)\cdot3=\boldsymbol{3n-4}$

問 7　次の問いに答えよ。

教科書 p.10

(1)　3つの数 a，b，c について，次のことが成り立つことを証明せよ。

a，b，c がこの順に等差数列 $\Longleftrightarrow$ $2b=a+c$

(2)　3つの数 3，x，8 がこの順に等差数列となるとき，x の値を求めよ。

ガイド (1)　等差数列では隣り合う2項の差が等しいので，$b-a=c-b$ が成り立つことに着目する。

(2)　(1)の結果を利用して，x についての方程式を作る。

解答 (1)　3つの数 a，b，c がこの順に等差数列のとき，

$b-a=c-b$　……①　が成り立つ。よって，$2b=a+c$　……②

逆に，②が成り立つとき，①が成り立つので，a，b，c はこの順に等差数列となる。

(2)　3，x，8 がこの順に等差数列であるので，$2x=3+8$

よって，　$\boldsymbol{x=\dfrac{11}{2}}$

補足　「a，b，c がこの順に等差数列 $\Longleftrightarrow$ $2b=a+c$」は，(2)のような実際の問題で公式として利用してよい。

問 8　一般項が $a_n=-5n+8$ で表される数列 $\{a_n\}$ は，どのような数列か。

教科書 p.10

ガイド 隣り合う2項の差 $a_{n+1}-a_n$ が一定であることを示せば，数列 $\{a_n\}$ が等差数列であることがいえる。

解答 $a_n=-5n+8$ であるから，

$$a_{n+1}=-5(n+1)+8=-5n+3$$

これより，　$a_{n+1}-a_n=(-5n+3)-(-5n+8)=-5$

したがって，$a_{n+1}-a_n$ が一定であるから，数列 $\{a_n\}$ は等差数列である。そして，$a_1=-5\cdot1+8=3$ より，数列 $\{a_n\}$ は，
初項 3，公差 −5 の等差数列である。

プラスワン　本問において，$a_n=-5n+8=3+(n-1)\cdot(-5)$ と変形することにより，数列 $\{a_n\}$ が初項 3，公差 −5 の等差数列であることを導くこともできる。

一般に，$a_n=pn+q$（n の 1 次式）を一般項にもつ数列 $\{a_n\}$ は等差数列になる。

問 9　下の[2]が成り立つことを証明せよ。

教科書 p.11

[2]　$S_n=\dfrac{1}{2}n\{2a+(n-1)d\}$

ガイド　教科書 p.11 で既に証明されている公式

[1]　$S_n=\dfrac{1}{2}n(a+\ell)$　（a…初項，ℓ…末項，n…項数）

をもとにして証明する。

解答　この数列の末項を ℓ とすると，$S_n=\dfrac{1}{2}n(a+\ell)$　……①　である。

ここで，末項 ℓ はこの数列の第 n 項であり，$\ell=a_n=a+(n-1)d$ なので，①に代入して，

$$S_n=\frac{1}{2}n\{a+a+(n-1)d\}=\frac{1}{2}n\{2a+(n-1)d\}$$

問 10　次の和を求めよ。

教科書 p.12

(1)　初項 10，末項 −2，項数 18 の等差数列の和

(2)　初項 1，公差 3 の等差数列の初項から第 22 項までの和

ガイド

ここがポイント **[等差数列の和]**

初項 a，公差 d，末項 ℓ，項数 n の等差数列の和を S_n とすると，

[1]　$S_n=\dfrac{1}{2}n(a+\ell)$　　　[2]　$S_n=\dfrac{1}{2}n\{2a+(n-1)d\}$

(1)　初項 a，末項 ℓ，項数 n が与えられているから，公式[1]を使う。

(2)　初項 a，公差 d，項数 n が与えられているから，公式2を使う。

a，d，n から末項 ℓ を求めてもよいが，2を使えば，そのことを記述する手間が省ける。

解答　求める等差数列の和を S_n とする。

(1)　$S_{18}=\frac{1}{2}\cdot18\cdot(10-2)=\mathbf{72}$

(2)　$S_{22}=\frac{1}{2}\cdot22\cdot\{2\cdot1+(22-1)\cdot3\}=\mathbf{715}$

第1章　数列

問 11　次の等差数列の初項から第 n 項までの和 S_n を求めよ。

教科書 p.12

(1)　-3，1，5，9，……　　(2)　15，10，5，0，……

ガイド　初項，公差，項数を確かめて，和の公式2を使う。

(1)の公差は，$1-(-3)=4$ である。

(2)の公差は，$10-15=-5$ である。

解答　(1)　初項 -3，公差 4，項数 n の等差数列の和であるから，

$$S_n=\frac{1}{2}n\{2\cdot(-3)+(n-1)\cdot4\}=\frac{1}{2}n(4n-10)$$
$$=\boldsymbol{n(2n-5)}$$

(2)　初項 15，公差 -5，項数 n の等差数列の和であるから，

$$S_n=\frac{1}{2}n\{2\cdot15+(n-1)\cdot(-5)\}=\frac{1}{2}n(-5n+35)$$
$$=\boldsymbol{-\frac{5}{2}n(n-7)}$$

問 12　次の等差数列の和 S を求めよ。

教科書 p.12

(1)　-1，2，5，8，……，98　　(2)　100，98，96，……，50

ガイド　項数を求めて，和の公式1を使う。

たとえば，(1)では，末項 98 が等差数列の第 n 項であるとして，n についての方程式を作り，n の値，すなわち項数を求める。

解答　(1)　初項 -1，公差 3 の等差数列であるから，末項を第 n 項とすると，

$$-1+(n-1)\cdot3=98 \qquad 3n=102 \qquad n=34$$

S は初項 -1，末項 98，項数 34 の等差数列の和であるから，

$S=\frac{1}{2}\cdot34\cdot(-1+98)=\mathbf{1649}$

(2) 初項100，公差 −2 の等差数列であるから，末項を第 n 項とすると，

$100+(n-1)\cdot(-2)=50 \qquad -2n=-52 \qquad n=26$

S は初項100，末項50，項数26の等差数列の和であるから，

$S=\frac{1}{2}\cdot26\cdot(100+50)=\mathbf{1950}$

☑問 13 次の和を求めよ。

教科書 p.13

(1) 1から100までの自然数の和　(2) 1から79までの奇数の和

ガイド

ここがポイント

$1+2+3+4+\cdots\cdots+n=\frac{1}{2}n(n+1)$ （1から n までの自然数の和）

$1+3+5+7+\cdots\cdots+(2n-1)=n^2$ （1から n 番目の奇数までの和）

(2)では，79が1から何番目の正の奇数なのかをまず考える。

解答 求める和を S_n とする。

(1) $S_{100}=\frac{1}{2}\cdot100\cdot(100+1)=50\cdot101=\mathbf{5050}$

(2) 1から n 番目の正の奇数は $2n-1$ である。$2n-1=79$ より，$n=40$ なので，

$S_{40}=40^2=\mathbf{1600}$

☑問 14 2から $2n$ までの偶数の和を求めよ。

教科書 p.13

ガイド 初項2，末項 $2n$，項数 $(2n\div2=)\,n$ の等差数列の和である。和の公式[1]を使う。

解答 初項2，末項 $2n$，項数 n の等差数列の和であるから，

$S_n=\frac{1}{2}n(2+2n)=\boldsymbol{n(n+1)}$

別解 $2+4+6+\cdots\cdots+2n$

$$=2(1+2+3+\cdots\cdots+n)=2\cdot\frac{1}{2}n(n+1)=\boldsymbol{n(n+1)}$$

└自然数の和の公式を利用┘

問 15 1から100までの自然数のうち，次のような数の和を求めよ。

教科書 p.13

(1)　3の倍数　　(2)　3で割り切れない数

ガイド (1)　3の倍数の列を等差数列とみる。3の倍数のうちの最小の数(初項)，最大の数(末項)，および項数を求めて，和の公式[1]を使う。

(2)　1から100までの自然数の和から，(1)で求めた和を引けばよい。

解答 (1)　1から100までの自然数のうち，3の倍数を順に並べると，

$3\cdot1,\ 3\cdot2,\ 3\cdot3,\ \cdots\cdots,\ 3\cdot33$

である。この数列は等差数列であり，初項は，$3\cdot1=3$，末項は，$3\cdot33=99$，項数は33である。

よって，求める和は，　$\frac{1}{2}\cdot33\cdot(3+99)=\mathbf{1683}$

(2)　1から100までの自然数の和は，教科書 p.13の問13(1)より，5050である。

よって，　$5050-1683=\mathbf{3367}$

問 16 10から100までの自然数のうち，次のような数の和を求めよ。

教科書 p.13

(1)　4で割って1余る数　　(2)　4の倍数

(3)　4で割り切れない数

ガイド (1)，(2)は，前問と同様の方針ですればよい。ただし，項数を求めるときは，次のことに注意する。

数列の第k項から第ℓ項までの項数は，$\ell-k+1$

(3)　10から100までの自然数の和から，(2)で求めた和を引く。

解答 (1)　10から100までの自然数のうち，4で割って1余る数を順に並べると，

$4\cdot3+1,\ 4\cdot4+1,\ 4\cdot5+1,\ \cdots\cdots,\ 4\cdot24+1$

である。この数列は等差数列であり，初項は，$4\cdot3+1=13$，末項は，$4\cdot24+1=97$，項数は，$24-3+1=22$ である。

よって，求める和は，　$\dfrac{1}{2}\cdot 22\cdot(13+97)=\mathbf{1210}$

(2)　10から100までの自然数のうち，4の倍数を順に並べると，

$4\cdot 3,\ 4\cdot 4,\ 4\cdot 5,\ \cdots\cdots,\ 4\cdot 25$

である。この数列は等差数列であり，初項は，$4\cdot 3=12$，末項は，$4\cdot 25=100$，項数は，$25-3+1=23$ である。

よって，求める和は，　$\dfrac{1}{2}\cdot 23\cdot(12+100)=\mathbf{1288}$

(3)　10から100までの自然数の個数は，$100-10+1=91$（個）なので，その和は，$\dfrac{1}{2}\cdot 91\cdot(10+100)=5005$

これと(2)の結果により，　$5005-1288=\mathbf{3717}$

3　等比数列

問 17　次の数列が等比数列であるとき，□にあてはまる数を入れよ。
教科書 **p.14**　また，初項と公比をいえ。

(1)　$5,\ 10,\ \square,\ \square,\ \square,\ \cdots\cdots$　　　　(2)　$\square,\ 54,\ -36,\ \square,\ \square,\ \cdots\cdots$

ガイド　数列 $a_1,\ a_2,\ a_3,\ a_4,\ \cdots\cdots,\ a_n,\ \cdots\cdots$ において，各項に一定の数 r を掛けて次の項が得られるとき，その数列を**等比数列**といい，数 r を**公比**という。このとき，すべての自然数 n に対して，

$$a_{n+1}=ra_n$$

が成り立つ。また，$a_1\neq 0$，$r\neq 0$ のとき，

$$\dfrac{a_{n+1}}{a_n}=r$$

である。

$a_1,\ a_2,\ a_3,\ a_4,\ \cdots$
$2,\ 6,\ 18,\ 54,\ \cdots$
　$\times 3$　$\times 3$　$\times 3$

隣り合う2項の比の値は，つねに一定の値になるね。

(1)では，公比は $\dfrac{\text{第2項}}{\text{初項}}$，(2)では公比は $\dfrac{\text{第3項}}{\text{第2項}}$ である。

解答　(1)　$\dfrac{10}{5}=2$ より，この数列は2を次々に掛けてできる等比数列である。

よって，　$5,\ 10,\ 20,\ 40,\ 80,\ \cdots\cdots$

初項は5，公比は2

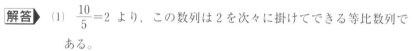

(2) $\dfrac{-36}{54}=-\dfrac{2}{3}$ より，この数列は $-\dfrac{2}{3}$ を次々に掛けてできる等比数列である。

初項 a は $\left(-\dfrac{2}{3}\right)\times a=54$ より，$a=54\div\left(-\dfrac{2}{3}\right)=-81$

よって，　**-81**，54，-36，**24**，**-16**，……

初項は -81，**公比は** $-\dfrac{2}{3}$

問 18　次の等比数列 $\{a_n\}$ の一般項を求めよ。また，その第6項を求めよ。

教科書 p.15

(1) 3, 9, 27, 81, ……　　(2) $-\dfrac{3}{2}$, 3, -6, 12, ……

ガイド

ここがポイント [等比数列の一般項]

初項 a，公比 r の等比数列 $\{a_n\}$ の一般項は，　$\boldsymbol{a_n=ar^{n-1}}$

隣り合う2項に注目して公比 r を求め，上の公式を用いて，一般項 a_n を n の式で表し，求めた式に $n=6$ を代入する。

$a_1,\ a_2,\ a_3,\ a_4,\ \cdots\cdots,\ a_{n-1},\ a_n$
（各項の間で $\times r$，$\times r$，$\times r$，……，$\times r$：$(n-1)$ 個）

(2) 第2項と第3項から，　$3r=-6$

解答　公比を r とする。

(1) 初項と第2項から，$3r=9$ より，　$r=3$

よって，初項3，公比3の等比数列であるから，

一般項は，　$\boldsymbol{a_n}=3\cdot3^{n-1}\boldsymbol{=3^n}$

また，　**第6項は**，　$\boldsymbol{a_6}=3^6\boldsymbol{=729}$

(2) 第2項と第3項から，$3r=-6$ より，　$r=-2$

よって，初項 $-\dfrac{3}{2}$，公比 -2 の等比数列であるから，

一般項は，　$\boldsymbol{a_n}=-\dfrac{3}{2}\cdot(-2)^{n-1}\boldsymbol{=3\cdot(-2)^{n-2}}$

また，　**第6項は**，　$\boldsymbol{a_6}=3\cdot(-2)^{6-2}=3\cdot(-2)^4\boldsymbol{=48}$

問 19 第 2 項が 7，第 4 項が 63 である等比数列 $\{a_n\}$ の一般項を求めよ。

教科書 p.15

ガイド $a_2=7$，$a_4=63$ から，初項 a と公比 r についての連立方程式を作る。

解答 この等比数列の初項を a，公比を r とすると，

$a_2=7$ より，　$ar=7$　……①

$a_4=63$ より，　$ar^3=63$　……②

②より，$ar\cdot r^2=63$ なので，①を代入して，$7r^2=63$，$r^2=9$

すなわち，$r=\pm3$

①より，$r=3$ のとき，$a=\dfrac{7}{3}$

$r=-3$ のとき，$a=-\dfrac{7}{3}$

連立方程式①，②
において，文字 a
の消去のしかたに
注目しよう。

よって，一般項は

$$a_n=\frac{7}{3}\cdot3^{n-1}\quad \text{または，}\quad a_n=-\frac{7}{3}\cdot(-3)^{n-1}$$

すなわち，

$$\boldsymbol{a_n=7\cdot3^{n-2}}\quad \textbf{または，}\quad \boldsymbol{a_n=7\cdot(-3)^{n-2}}$$

問 20 次の問いに答えよ。

教科書 p.15

(1)　0 でない 3 つの数 a，b，c について，次のことが成り立つことを証明せよ。

a，b，c がこの順に等比数列 $\Longleftrightarrow$ $b^2=ac$

(2)　3 つの数 $\dfrac{3}{8}$，x，6 がこの順に等比数列となるとき，x の値を求めよ。

ガイド (1)　等比数列では隣り合う 2 項の比の値が等しいので，$\dfrac{b}{a}=\dfrac{c}{b}$ が成り立つことに着目する。

(2)　(1)の結果を利用して，x についての方程式を作る。

解答 (1)　3 つの数 a，b，c がこの順に等比数列のとき，$\dfrac{b}{a}=\dfrac{c}{b}$　……①

が成り立つ。よって，$b^2=ac$　……②

逆に，②が成り立つとき，①が成り立つので，a，b，c がこの順に等比数列となる。

(2)　$\dfrac{3}{8}$, x, 6 がこの順に等比数列なので, $x^2=\dfrac{3}{8}\cdot 6$, $x^2=\dfrac{9}{4}$

よって,　$\boldsymbol{x=\pm\dfrac{3}{2}}$

問21　次の等比数列の初項から第 n 項までの和 S_n を求めよ。

教科書 p.17

(1)　2, -4, 8, -16, ……　　(2)　1, 4, 16, 64, ……

ガイド

ここがポイント [等比数列の和]

初項 a, 公比 r, 項数 n の等比数列の和を S_n とすると,

1　$r\neq 1$ のとき,　$\boldsymbol{S_n=\dfrac{a(1-r^n)}{1-r}=\dfrac{a(r^n-1)}{r-1}}$

2　$r=1$ のとき,　$\boldsymbol{S_n=na}$

初項 a, 公比 r を求めて, 等比数列の和の公式を使う。公式1には, 分母が $1-r$ と $r-1$ の2通りの計算式があるが, 分母が正の数になる方が扱いやすいから, r と1の大小によって使い分けるとよい。

(1)の公比は, $(-4)\div 2=-2$, (2)の公比は, $4\div 1=4$

解答　初項を a, 公比を r とする。

(1)　$a=2$, $r=-2$ であるから,

$$S_n=\frac{2\{1-(-2)^n\}}{1-(-2)}=\boldsymbol{\frac{2}{3}\{1-(-2)^n\}}$$

(2)　$a=1$, $r=4$ であるから,

$$S_n=\frac{1\cdot(4^n-1)}{4-1}=\boldsymbol{\frac{4^n-1}{3}}$$

プラスワン　ここがポイント の1から,

$S_n=\dfrac{a(1-r^n)}{1-r}=\dfrac{a-ar^n}{1-r}$　……①　である。ここで, 項数 n の等比数列の末項を a_n とおけば, $a_n=ar^{n-1}$ であり, $ar^n=ar^{n-1}\cdot r=a_nr$ なので, ①より, 次が成り立つ。

$$\boldsymbol{S_n=\frac{a-a_nr}{1-r}}$$

$$S_n=\frac{(初項)-(末項)\times(公比)}{1-(公比)}$$

問 22 初項から第4項までの和が20，第3項から第6項までの和が180である等比数列の初項 a と公比 r を求めよ。

教科書 p.17

ガイド 条件から，初項 a と公比 r についての連立方程式を作る。

解答

$$a+ar+ar^2+ar^3=20 \quad \cdots\cdots ①$$

$$ar^2+ar^3+ar^4+ar^5=180 \quad \cdots\cdots ②$$

②より，　$r^2(a+ar+ar^2+ar^3)=180$ ……③

①を③に代入して，　$20r^2=180$，$r^2=9$

すなわち，　$r=\pm 3$

①より，$r=3$ のとき，$a+3a+9a+27a=20$ であるから，

$$40a=20,\ a=\frac{1}{2}$$

$r=-3$ のとき，$a-3a+9a-27a=20$ であるから，

$$-20a=20,\ a=-1$$

よって，　$\boldsymbol{a=\frac{1}{2}}$，$\boldsymbol{r=3}$　**または**，$\boldsymbol{a=-1}$，$\boldsymbol{r=-3}$

補足 ③のように，①を丸ごと代入できる形に変形するところがポイントである。

節末問題　第1節　等差数列・等比数列

第1章 数列

1 教科書 p.18

等差数列 2, 6, 10, …… の項のうち，100 から 200 までの間にあるものの個数を求めよ。また，それらの和を求めよ。

ガイド まず，一般項 a_n を n の1次式で表す。

100 から 200 までの間にある項は，$100<a_n<200$ を満たすから，項の個数は，この不等式を満たす自然数 n の個数となる。

和は，$100<a_n<200$ を満たす最も小さい項を初項，最も大きい項を末項とし，上で求めた項の個数を使って求めることができる。

解答 この等差数列の一般項を a_n とする。

初項は 2，公差は 4 であるから，

$$a_n=2+(n-1)\cdot 4=4n-2$$

等差数列の項のうち，100 から 200 までの間にあるものは，

$$100<4n-2<200 \quad \cdots\cdots①$$

を満たす。これを解くと，

$$102<4n<202 \qquad 25.5<n<50.5$$

n は自然数であるから，　$n=26,\ 27,\ \cdots\cdots,\ 50$

よって，項のうちで 100 から 200 までの間にあるものの**個数は**，

$$50-26+1=\mathbf{25}$$

また，①を満たす最も小さい項は，

$$a_{26}=4\cdot 26-2=102$$

最も大きい項は，

$$a_{50}=4\cdot 50-2=198$$

よって，求める**和は**，初項 102，末項 198，項数 25 の等差数列の和であるから，

$$\frac{1}{2}\cdot 25\cdot(102+198)=\mathbf{3750}$$

2 教科書 p.18

等差数列 $\{a_n\}$ が，$a_1+a_2+a_3=3$，$a_3+a_4+a_5=33$ を満たすとき，この数列の初項と公差を求めよ。また，この数列の第 10 項から 第 19 項までの和を求めよ。

ガイド 「a, b, c がこの順に等差数列 $\Longleftrightarrow$ $2b=a+c$」を利用して，2つの等式をそれぞれ a_2, a_4 だけを用いて表し，まず，a_2, a_4 を求める。等差数列の2つの項がわかれば，連立方程式を用いて初項と公差が求まるので，一般項がわかり，a_{10} や a_{19} も求まる。

解答 数列 $\{a_n\}$ は等差数列であるから，

$2a_2=a_1+a_3$ ……①，$2a_4=a_3+a_5$ ……②

①より，$a_1+a_2+a_3=2a_2+a_2=3a_2$ であるから，

$3a_2=3$　　$a_2=1$ ……③

②より，$a_3+a_4+a_5=2a_4+a_4=3a_4$ であるから，

$3a_4=33$　　$a_4=11$……④

ここで，公差を d とすると，③，④より，

$a_1+d=1$ ……⑤，$a_1+3d=11$ ……⑥

⑤，⑥を連立方程式として解くと，$a_1=-4$, $d=5$ であるから，**初項は**，-4，**公差は**，5，一般項は，$a_n=-4+(n-1)\cdot 5=5n-9$

よって，$a_{10}=5\cdot 10-9=41$, $a_{19}=5\cdot 19-9=86$ であり，a_{10} から a_{19} までの項数は，$19-10+1=10$ なので，求める**和は**，

$$\frac{1}{2}\cdot 10\cdot(41+86)=\mathbf{635}$$

☐ **3** 教科書 p. 18

100 から 300 までの自然数のうち，7 で割り切れない数の和を求めよ。

ガイド 100 から 300 までの自然数の和から，その中に含まれる 7 の倍数の和を引く。まず，7 の倍数の和を求めるために，100 から 300 までの自然数に含まれる 7 の倍数の列（等差数列）の初項，末項，項数を求める。

解答 100 から 300 までの自然数に含まれる 7 の倍数の列は等差数列であり，初項は，$7\cdot 15=105$，末項は，$7\cdot 42=294$，項数は，$42-15+1=28$ である。よって，その和は，

$$\frac{1}{2}\cdot 28\cdot(105+294)=5586$$

また，100 から 300 までの自然数の個数は，$300-100+1=201$（個）

だから，その和は，　$\frac{1}{2}\cdot 201\cdot(100+300)=40200$

よって，求める和は，　$40200-5586=\mathbf{34614}$

4 教科書 p. 18

第4項が $\frac{2}{9}$，第8項が18である等比数列の第6項を求めよ。ただし，公比は実数とする。

ガイド $a_4=\frac{2}{9}$，$a_8=18$ から，初項 a，公比 r についての連立方程式を作り，a，r を求めることができる。また，第6項は，$a_6=ar^5$ で求まる。

解答 この等比数列の初項を a，公比を r とすると，

$a_4=\frac{2}{9}$ より，　$ar^3=\frac{2}{9}$　……①

$a_8=18$ より，　$ar^7=18$　……②

②より，$ar^3\cdot r^4=18$ なので，①を代入して，

$$\frac{2}{9}r^4=18 \qquad r^4=81$$

よって，　$r^4-81=0$　　$(r-3)(r+3)(r^2+9)=0$

r は実数であるから，　$r=\pm3$

①より，　$r=3$ のとき，

$$a=\frac{2}{3^3\cdot9}=\frac{2}{3^5} \qquad a_6=ar^5=\frac{2}{3^5}\cdot3^5=2$$

$r=-3$ のとき，

$$a=\frac{2}{(-3)^3\cdot9}=-\frac{2}{3^5} \qquad a_6=ar^5=-\frac{2}{3^5}\cdot(-3)^5=2$$

よって，この等比数列の第6項は，　$a_6=\mathbf{2}$

5 教科書 p. 18

次のように数が並ぶ等差数列，等比数列はあるか。

(1)　7, 21, ……, 567, ……　　(2)　3, 6, ……, 1500, ……

ガイド 初項と第2項から，これらの数列を等差数列や等比数列と仮定したときの公差や公比がわかり，一般項を n の式で表すことができる。求めた n の式が567や1500となるような自然数 n が存在するかどうかで判定すればよい。

解答 (1)　まず，この数列が等差数列であるとすると，$a_2-a_1=14$ より，一般項は，$a_n=7+(n-1)\cdot14=14n-7$ となる。

$14n-7=567$ を解くと，$n=41$ となり，n が自然数なので，このような**等差数列はある**。

次に，この数列が等比数列であるとすると，$\dfrac{a_2}{a_1}=3$ より，一般項は，$a_n=7\cdot 3^{n-1}$ となる。$7\cdot 3^{n-1}=567$ を解くと，$3^{n-1}=81$，$3^{n-1}=3^4$ より，$n=5$ となり，n が自然数なので，このような**等比数列はある**。

(2)　まず，この数列が等差数列であるとすると，$a_2-a_1=3$ より，一般項は，$a_n=3+(n-1)\cdot 3=3n$ となる。$3n=1500$ を解くと，$n=500$ となり，n が自然数なので，このような**等差数列はある**。

次に，この数列が等比数列であるとすると，$\dfrac{a_2}{a_1}=2$ より，一般項は，$a_n=3\cdot 2^{n-1}$ となる。$3\cdot 2^{n-1}=1500$ より，$2^{n-1}=500$ となるが，$2^8=256$，$2^9=512$ より，これを満たす自然数 n は存在しない。

よって，このような**等比数列はない**。

6　教科書 p.18

初項から第3項までの和が9，初項から第6項までの和が -63 の数列について，次の問いに答えよ。

(1)　この数列が等差数列のとき，初項と公差を求めよ。

(2)　この数列が等比数列のとき，初項と公比を求めよ。ただし，公比は実数とする。

ガイド　(1)　初項を a，公差を d とし，等差数列の和の公式を用いて連立方程式を作る。

(2)　公式にあてはめるよりも，実際に書き並べてみるとよい。
初項を a，公比を r とすると，

$$a+ar+ar^2=9 \quad \cdots\cdots①$$

$$a+ar+ar^2+ar^3+ar^4+ar^5=-63 \quad \cdots\cdots②$$

②を，①が丸ごと代入できる形に変形するとよい。

解答　(1)　初項を a，公差を d とすると，

$$\frac{1}{2}\cdot 3\cdot\{2a+(3-1)d\}=9 \text{ より，}\quad a+d=3 \quad \cdots\cdots①$$

$$\frac{1}{2}\cdot 6\cdot\{2a+(6-1)d\}=-63 \text{ より，}\quad 2a+5d=-21 \quad \cdots\cdots②$$

①，②を連立方程式として解くと，　$a=12$，$d=-9$

よって，　**初項12，公差 -9**

(2)　初項を a，公比を r とすると，

$$a+ar+ar^2=9 \quad \cdots\cdots ①$$

$$a+ar+ar^2+ar^3+ar^4+ar^5=-63 \quad \cdots\cdots ②$$

②より，　$(a+ar+ar^2)+r^3(a+ar+ar^2)=-63$

①を代入して，　$9+9r^3=-63$

整理すると，　$r^3+8=0$　　$(r+2)(r^2-2r+4)=0$

r は実数であり，$r^2-2r+4=(r-1)^2+3>0$ より

$$r=-2 \quad \cdots\cdots ③$$

③を①に代入すると，　$a-2a+4a=9$　　$a=3$

よって，　**初項 3，公比 −2**

第2節 いろいろな数列

1 和の記号 Σ

問 23 次の和を，Σ を用いずに，各項を書き並べて表せ。

教科書 p.19

(1) $\sum_{k=1}^{3}(2k+1)$ (2) $\sum_{k=1}^{5}(k^2-4)$ (3) $\sum_{k=1}^{4}3^k$

ガイド 数列 $\{a_n\}$ の初項から第 n 項までの和 $(a_1+a_2+a_3+\cdots\cdots+a_n)$ を，記号 Σ を用いて $\sum_{k=1}^{n}a_k$ と書く。

$$\sum_{k=1}^{n}\boldsymbol{a_k}=\boldsymbol{a_1+a_2+a_3+\cdots\cdots+a_n}$$

$\sum_{k=1}^{n}a_k$ は k が 1, 2, 3, ……, n と変わるときの a_k をすべて加えることを表す。

たとえば，(1)は，$k=1$, 2, 3 を $2k+1$ に代入した 3 つの数の和となる。

解答 (1) $\sum_{k=1}^{3}(2k+1)=(2\cdot1+1)+(2\cdot2+1)+(2\cdot3+1)=\mathbf{3+5+7}$

(2) $\sum_{k=1}^{5}(k^2-4)=(1^2-4)+(2^2-4)+(3^2-4)+(4^2-4)+(5^2-4)$

$=\mathbf{(-3)+0+5+12+21}$

(3) $\sum_{k=1}^{4}3^k=3^1+3^2+3^3+3^4=\mathbf{3+9+27+81}$

問 24 次の和を，Σ を用いて表せ。

教科書 p.20

(1) $1+2^3+3^3+\cdots\cdots+10^3$

(2) $2+6+18+\cdots\cdots+486$

(3) $2\cdot4+5\cdot7+\cdots\cdots+(3n-1)(3n+1)$

ガイド (1) $1\,(=1^3)$, 2^3, 3^3, ……, 10^3 は自然数の 3 乗の数列で，第 k 項は k^3 である。

(2) 初項が 2，公比が 3 の等比数列である。第 k 項を k の式で表し，「末項 486 は第何項か」を考える。

(3)　末項 $(3n-1)(3n+1)$ の n を k に変えると，第 k 項の式となる。

解答 (1)　数列 1^3，2^3，3^3，……，10^3 は自然数の3乗の数列で，その第 k 項は k^3 である。よって，$1+2^3+3^3+\cdots\cdots+10^3$ は，第 k 項が k^3 の数列の初項から第10項までの和であるから，

$$1+2^3+3^3+\cdots\cdots+10^3=\sum_{k=1}^{10}\boldsymbol{k^3}$$

(2)　この数列は，初項2，公比3の等比数列であり，その第 k 項は $2\cdot3^{k-1}$

末項が，$2\cdot3^{k-1}=486$ より，$3^{k-1}=243=3^5$ であるから，　$k=6$

よって，486は第6項である。

よって，$2+6+18+\cdots\cdots+486$ は，第 k 項が $2\cdot3^{k-1}$ の数列の初項から第6項までの和であるから，

$$2+6+18+\cdots\cdots+486=\sum_{k=1}^{6}\boldsymbol{2\cdot3^{k-1}}$$

(3)　第 k 項が，$(3k-1)(3k+1)$ の数列の初項から第 n 項までの和であるから，

$$2\cdot4+5\cdot7+\cdots\cdots+(3n-1)(3n+1)=\sum_{k=1}^{n}\boldsymbol{(3k-1)(3k+1)}$$

参考　$\sum$ の表現で，添字（そえじ）の k は他の文字を使用してもよい。

たとえば，(2)は，$\sum_{i=1}^{6}2\cdot3^{i-1}$ としてもよい。

また，k は1からでなくてもよい。

たとえば，$\sum_{k=3}^{7}k^2=3^2+4^2+5^2+6^2+7^2$ となる。

問 25　次の和を求めよ。

教科書 p.20

(1)　$\sum_{k=1}^{4}2\cdot3^k$　　(2)　$\sum_{k=1}^{n}5^{k-1}$　　(3)　$\sum_{k=1}^{n}4^k$

ガイド

ここがポイント **[等比数列の和]**

$$\sum_{k=1}^{n}ar^{k-1}=\frac{a(1-r^n)}{1-r}=\frac{a(r^n-1)}{r-1}\quad(r\neq1)$$

初項 a，公比 $r\,(r\neq1)$ の等比数列の初項から第 n 項までの和の公式を，$\sum$ を用いて表すと上のようになる。等比数列の和が $\sum$ で表され

ているときは，初項 a は，第 k 項の式に $k=1$ を代入したものであることに注意する。たとえば，(1)では，$2\cdot3^1=6$，(2)では，$5^{1-1}=5^0=1$ である。

解答 (1) $\displaystyle\sum_{k=1}^{4}2\cdot3^k=2\cdot3+2\cdot3^2+2\cdot3^3+2\cdot3^4$

$$=\frac{6(3^4-1)}{3-1}=\mathbf{240}$$

(2) $\displaystyle\sum_{k=1}^{n}5^{k-1}=1+5+5^2+\cdots\cdots+5^{n-1}$

$$=\frac{1\cdot(5^n-1)}{5-1}=\boldsymbol{\frac{5^n-1}{4}}$$

(3) $\displaystyle\sum_{k=1}^{n}4^k=4+4^2+4^3+\cdots\cdots+4^n$

$$=\frac{4(4^n-1)}{4-1}=\boldsymbol{\frac{4^{n+1}-4}{3}}$$

2 累乗の和と Σ の性質

問 26 等式 $(k+1)^4-k^4=4k^3+6k^2+4k+1$ を利用して，次の等式を導け。

教科書 p.21

$$\sum_{k=1}^{n}\boldsymbol{k^3=1^3+2^3+3^3+\cdots\cdots+n^3=\left\{\frac{1}{2}n(n+1)\right\}^2}$$

ガイド 等式 $(k+1)^4-k^4=4k^3+6k^2+4k+1$ に，$k=1$，2，3，……，n をそれぞれ代入して得られる n 個の式の各辺をそれぞれ加えてみる。

教科書ですでに証明した次の等式を利用する。

$$\sum_{k=1}^{n}\boldsymbol{k=1+2+3+\cdots\cdots+n=\frac{1}{2}n(n+1)}$$

$$\sum_{k=1}^{n}\boldsymbol{k^2=1^2+2^2+3^2+\cdots\cdots+n^2=\frac{1}{6}n(n+1)(2n+1)}$$

解答 $(k+1)^4-k^4=4k^3+6k^2+4k+1$ ……①

等式①に，$k=1$，2，3，……，n をそれぞれ代入すると，

$k=1$ のとき，　$2^4-1^4=4\cdot1^3+6\cdot1^2+4\cdot1+1$

$k=2$ のとき，　$3^4-2^4=4\cdot2^3+6\cdot2^2+4\cdot2+1$

$k=3$ のとき，　$4^4-3^4=4\cdot3^3+6\cdot3^2+4\cdot3+1$

⋮　　　　⋮

$k=n$ のとき，　$(n+1)^4-n^4=4\cdot n^3+6\cdot n^2+4\cdot n+1$

この n 個の式の各辺をそれぞれ加えると，

$$(n+1)^4-1^4=4(1^3+2^3+3^3+\cdots\cdots+n^3)+6(1^2+2^2+3^2+\cdots\cdots+n^2)$$
$$+4(1+2+3+\cdots\cdots+n)+(1+1+1+\cdots\cdots+1)$$
$$=4\sum_{k=1}^{n}k^3+6\cdot\frac{1}{6}n(n+1)(2n+1)+4\cdot\frac{1}{2}n(n+1)+n \quad\cdots\cdots②$$

②より，

$$4\sum_{k=1}^{n}k^3=(n+1)^4-1-n(n+1)(2n+1)-2n(n+1)-n$$
$$=(n+1)^4-n(n+1)(2n+1)-2n(n+1)-(n+1)$$
$$=(n+1)\{(n+1)^3-n(2n+1)-2n-1\}$$
$$=(n+1)(n^3+n^2)$$
$$=n^2(n+1)^2$$

したがって，　$\displaystyle\sum_{k=1}^{n}k^3=\frac{1}{4}n^2(n+1)^2=\left\{\frac{1}{2}n(n+1)\right\}^2$

問 27　次の和を求めよ。

教科書 p.23

(1)　$\displaystyle\sum_{k=1}^{n}(4k+3)$　　(2)　$\displaystyle\sum_{k=1}^{n}(3k^2-k-2)$　　(3)　$\displaystyle\sum_{k=1}^{n}k(k^2+1)$

ガイド

ここがポイント

[数列の和の公式]

$$\sum_{k=1}^{n}c=nc \quad \left(とくに，\sum_{k=1}^{n}1=n\right)$$

$$\sum_{k=1}^{n}k=\frac{1}{2}n(n+1)$$

$$\sum_{k=1}^{n}k^2=\frac{1}{6}n(n+1)(2n+1) \qquad \sum_{k=1}^{n}k^3=\left\{\frac{1}{2}n(n+1)\right\}^2$$

[Σ の性質]

1　$\displaystyle\sum_{k=1}^{n}(a_k+b_k)=\sum_{k=1}^{n}a_k+\sum_{k=1}^{n}b_k$，　$\displaystyle\sum_{k=1}^{n}(a_k-b_k)=\sum_{k=1}^{n}a_k-\sum_{k=1}^{n}b_k$

2　$\displaystyle\sum_{k=1}^{n}ca_k=c\sum_{k=1}^{n}a_k$　（ただし，c は定数）

(1)　$\displaystyle\sum_{k=1}^{n}(4k+3)=4\sum_{k=1}^{n}k+3\sum_{k=1}^{n}1$ と考える。

(2) $\sum_{k=1}^{n}(3k^2-k-2)=3\sum_{k=1}^{n}k^2-\sum_{k=1}^{n}k-2\sum_{k=1}^{n}1$ と考える。

(3) $k(k^2+1)=k^3+k$ と変形して考える。

解答 (1) $\sum_{k=1}^{n}(4k+3)=4\sum_{k=1}^{n}k+3\sum_{k=1}^{n}1$

$=4\cdot\frac{1}{2}n(n+1)+3\cdot n$

$=n\{2(n+1)+3\}=\boldsymbol{n(2n+5)}$

(2) $\sum_{k=1}^{n}(3k^2-k-2)=3\sum_{k=1}^{n}k^2-\sum_{k=1}^{n}k-2\sum_{k=1}^{n}1$

$=3\cdot\frac{1}{6}n(n+1)(2n+1)-\frac{1}{2}n(n+1)-2\cdot n$

$=\frac{1}{2}n\{(n+1)(2n+1)-(n+1)-4\}=\frac{1}{2}n(2n^2+2n-4)$

$=n(n^2+n-2)=\boldsymbol{n(n-1)(n+2)}$

(3) $\sum_{k=1}^{n}k(k^2+1)=\sum_{k=1}^{n}(k^3+k)=\sum_{k=1}^{n}k^3+\sum_{k=1}^{n}k$

$=\left\{\frac{1}{2}n(n+1)\right\}^2+\frac{1}{2}n(n+1)$

$=\frac{1}{4}n(n+1)\{n(n+1)+2\}=\boldsymbol{\frac{1}{4}n(n+1)(n^2+n+2)}$

問 28 次の数列の和 S_n を求めよ。

教科書 p.23

(1) $1\cdot3,\ 3\cdot5,\ 5\cdot7,\ \cdots\cdots,\ (2n-1)(2n+1)$

(2) $1^2\cdot2,\ 2^2\cdot3,\ 3^2\cdot4,\ \cdots\cdots,\ n^2(n+1)$

ガイド 第 k 項を k の式で表し，$\sum$ の計算にもち込む。

解答 (1) この数列の第 k 項は $(2k-1)(2k+1)$ であるから，

$S_n=1\cdot3+3\cdot5+5\cdot7+\cdots\cdots+(2n-1)(2n+1)$

$=\sum_{k=1}^{n}(2k-1)(2k+1)=\sum_{k=1}^{n}(4k^2-1)=4\sum_{k=1}^{n}k^2-\sum_{k=1}^{n}1$

$=4\cdot\frac{1}{6}n(n+1)(2n+1)-n=\frac{2}{3}n(n+1)(2n+1)-n$

$=\frac{1}{3}n\{2(n+1)(2n+1)-3\}=\boldsymbol{\frac{1}{3}n(4n^2+6n-1)}$

(2)　この数列の第 k 項は $k^2(k+1)$ であるから，

$$
\begin{aligned}
S_n &= 1^2\cdot 2+2^2\cdot 3+3^2\cdot 4+\cdots\cdots+n^2(n+1)\\
&=\sum_{k=1}^{n}k^2(k+1)=\sum_{k=1}^{n}(k^3+k^2)=\sum_{k=1}^{n}k^3+\sum_{k=1}^{n}k^2\\
&=\left\{\frac{1}{2}n(n+1)\right\}^2+\frac{1}{6}n(n+1)(2n+1)\\
&=\frac{1}{12}n(n+1)\{3n(n+1)+2(2n+1)\}\\
&=\frac{1}{12}n(n+1)(3n^2+7n+2)\\
&=\boldsymbol{\frac{1}{12}n(n+1)(n+2)(3n+1)}
\end{aligned}
$$

3　階差数列

問 29　次の数列の階差数列はどのような数列か答えよ。

教科書 p.24

(1)　3, 5, 10, 18, 29, 43, ……

(2)　1, 2, 0, 4, −4, 12, ……

ガイド　数列 $\{a_n\}$ に対して，

$$\boldsymbol{b_n=a_{n+1}-a_n}\quad (n=1,\ 2,\ 3,\ \cdots\cdots)$$

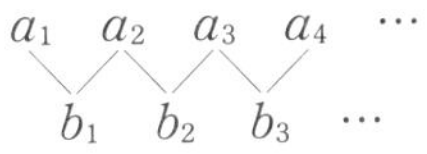

で与えられる数列 $\{b_n\}$ を，数列 $\{a_n\}$ の**階差数列**という。

隣り合う 2 項の差 a_2-a_1, a_3-a_2, …… を順に求めるとよい。

解答　(1)　隣り合う 2 項の差は順に，

5−3, 10−5, 18−10, 29−18, 43−29, ……

であるから，階差数列は，　2, 5, 8, 11, 14, ……

となり，**初項 2，公差 3 の等差数列**である。

(2)　隣り合う 2 項の差は順に，

2−1, 0−2, 4−0, −4−4, 12−(−4), ……

であるから，階差数列は，　1, −2, 4, −8, 16, ……

となり，**初項 1，公比 −2 の等比数列**である。

問 30 次の数列 $\{a_n\}$ の一般項を求めよ。

教科書 p.25

(1) 36, 35, 30, 21, 8, −9, ……

(2) 2, 5, 14, 41, 122, 365, ……

ガイド

ここがポイント [階差数列と一般項]

数列 $\{a_n\}$ の階差数列を $\{b_n\}$ とすると,

$$n \geqq 2 \text{ のとき}, \quad a_n = a_1 + \sum_{k=1}^{n-1} b_k$$

階差数列を利用して，一般項 a_n を求める手順

(i) 階差数列を求める。

(ii) 「$n \geqq 2$ のとき」として公式を使い，a_n を n の式で表す。

$a_1 \quad a_2 \quad a_3 \quad \cdots\cdots \quad a_{n-1} \quad a_n$

$b_1 \quad b_2 \quad \cdots\cdots \quad b_{n-1}$

$(n-1)$ 個

(iii) 「$n=1$ のとき」にも(ii)の式が成り立つかを確かめ，答えとする。

数列 $\{a_n\}$ の階差数列は，次のようになる。

(1) 36　35　30　21　8　−9　……

　−1　−5　−9　−13　−17　……

(2) 2　5　14　41　122　365　……

　3　9　27　81　243　……

(1) $\displaystyle\sum_{k=1}^{n-1} k = \frac{1}{2}(n-1)\{(n-1)+1\} = \frac{1}{2}n(n-1)$ を用いるとよい。

解答 (1) この数列 $\{a_n\}$ の階差数列 $\{b_n\}$ は,

−1, −5, −9, −13, −17, ……

で，初項 −1，公差 −4 の等差数列であるから,

$$b_n = -1 + (n-1)\cdot(-4) = -4n+3$$

よって，$n \geqq 2$ のとき,

$$\begin{aligned}
a_n &= a_1 + \sum_{k=1}^{n-1} b_k \\
&= 36 + \sum_{k=1}^{n-1}(-4k+3) \\
&= 36 - 4\sum_{k=1}^{n-1} k + 3\sum_{k=1}^{n-1} 1 \\
&= 36 - 4\cdot\frac{1}{2}n(n-1) + 3(n-1) \\
&= -2n^2 + 5n + 33 \quad \cdots\cdots ①
\end{aligned}$$

$\sum_{k=1}^{n-1}$ の計算は，$\sum_{k=1}^{n}$ の公式の n を $n-1$ でおきかえればいいよ。

①の右辺は，$n=1$ のとき，$-2\cdot1^2+5\cdot1+33=36$ となり，初項 a_1 と一致する。

以上より，一般項は，　$\boldsymbol{a_n=-2n^2+5n+33}$

(2)　この数列 $\{a_n\}$ の階差数列 $\{b_n\}$ は，

$$3,\ 9,\ 27,\ 81,\ 243,\ \cdots\cdots$$

で，初項 3，公比 3 の等比数列であるから，

$$b_n=3\cdot3^{n-1}=3^n$$

よって，$n\geqq2$ のとき，

$$a_n=a_1+\sum_{k=1}^{n-1}b_k=2+\sum_{k=1}^{n-1}3^k=2+\frac{3(3^{n-1}-1)}{3-1}$$

$$=\frac{3^n+1}{2}\quad\cdots\cdots①$$

①の右辺は，$n=1$ のとき，$\dfrac{3+1}{2}=2$ となり，初項 a_1 と一致する。

以上より，一般項は，　$\boldsymbol{a_n=\dfrac{3^n+1}{2}}$

4　数列の和と一般項

問31　初項から第 n 項までの和 S_n が，次の式で与えられる数列 $\{a_n\}$ の一般項を求めよ。

教科書 p.26

(1)　$S_n=n^2-3n$　　(2)　$S_n=3^n-1$

(3)　$S_n=n^2-3n+1$

ガイド

ここがポイント [数列の和と一般項]

数列 $\{a_n\}$ の初項から第 n 項までの和を S_n とするとき，

$$\boldsymbol{a_1=S_1}$$

$n\geqq2$ のとき，　$\boldsymbol{a_n=S_n-S_{n-1}}$

上の 2 つの等式を使って，a_1，$n\geqq2$ のときの a_n を順に求め，この a_n が $n=1$ のときにも成り立つかどうかを確かめてから，答えとする。

解答　(1)　$a_1=S_1=1^2-3\cdot1=-2$

$n\geqq2$ のとき，

$$a_n=S_n-S_{n-1}$$
$$=(n^2-3n)-\{(n-1)^2-3(n-1)\}$$
$$=2n-4 \quad \cdots\cdots①$$

①の右辺は，$n=1$ のとき，$2\cdot1-4=-2$ となり，初項 a_1 と一致する。

以上より，一般項は，　$\boldsymbol{a_n=2n-4}$

(2)　$a_1=S_1=3^1-1=2$

$n\geqq2$ のとき，

$$a_n=S_n-S_{n-1}$$
$$=(3^n-1)-(3^{n-1}-1)$$
$$=3^n-3^{n-1}=3\cdot3^{n-1}-3^{n-1}$$
$$=2\cdot3^{n-1} \quad \cdots\cdots①$$

①の右辺は，$n=1$ のとき，$2\cdot3^0=2\cdot1=2$ となり，初項 a_1 と一致する。

以上より，一般項は，　$\boldsymbol{a_n=2\cdot3^{n-1}}$

(3)　$a_1=S_1=1^2-3\cdot1+1=-1$

$n\geqq2$ のとき，

$$a_n=S_n-S_{n-1}$$
$$=(n^2-3n+1)-\{(n-1)^2-3(n-1)+1\}$$
$$=2n-4 \quad \cdots\cdots①$$

①の右辺は，$n=1$ のとき，$2\cdot1-4=-2$ となり，初項 a_1 とは一致しない。

以上より，一般項は，　**$a_1=-1$，$n\geqq2$ のとき，$a_n=2n-4$**

5　いろいろな数列の和

問 32　次の問いに答えよ。

教科書 p.27

(1)　等式 $\dfrac{1}{(2k-1)(2k+1)}=\dfrac{1}{2}\left(\dfrac{1}{2k-1}-\dfrac{1}{2k+1}\right)$ を証明せよ。

(2)　次の和 S_n を求めよ。

$$S_n=\frac{1}{1\cdot3}+\frac{1}{3\cdot5}+\frac{1}{5\cdot7}+\cdots\cdots+\frac{1}{(2n-1)(2n+1)}$$

ガイド　(1)　右辺の分数式を計算して，左辺を導く。

(2) (1)の結果を用いて，各項を分数の差の形に分解する。絶対値が等しく異符号の分数の組の和が0になり，消去される。

解答 (1) $\frac{1}{2}\left(\frac{1}{2k-1}-\frac{1}{2k+1}\right)=\frac{1}{2}\left\{\frac{2k+1}{(2k-1)(2k+1)}-\frac{2k-1}{(2k-1)(2k+1)}\right\}$

$$=\frac{1}{2}\cdot\frac{2}{(2k-1)(2k+1)}=\frac{1}{(2k-1)(2k+1)}$$

よって，与えられた等式は成り立つ。

(2) $S_n=\sum_{k=1}^{n}\frac{1}{(2k-1)(2k+1)}=\frac{1}{2}\sum_{k=1}^{n}\left(\frac{1}{2k-1}-\frac{1}{2k+1}\right)$

$$=\frac{1}{2}\left\{\left(\frac{1}{1}-\frac{1}{3}\right)+\left(\frac{1}{3}-\frac{1}{5}\right)+\left(\frac{1}{5}-\frac{1}{7}\right)+\cdots\cdots+\left(\frac{1}{2n-1}-\frac{1}{2n+1}\right)\right\}$$

$$=\frac{1}{2}\left(1-\frac{1}{2n+1}\right)=\boldsymbol{\frac{n}{2n+1}}$$

問33 次の問いに答えよ。

教科書 p.27

(1) 等式 $\frac{1}{\sqrt{k}+\sqrt{k+1}}=\sqrt{k+1}-\sqrt{k}$ を証明せよ。

(2) 次の和 S_n を求めよ。

$$S_n=\frac{1}{\sqrt{1}+\sqrt{2}}+\frac{1}{\sqrt{2}+\sqrt{3}}+\frac{1}{\sqrt{3}+\sqrt{4}}+\cdots\cdots+\frac{1}{\sqrt{n}+\sqrt{n+1}}$$

ガイド (1) 左辺の式の分母を有理化する。

(2) 前問の(2)と同様に，絶対値が等しく異符号の数が次々と消えていく。

解答 (1) $\frac{1}{\sqrt{k}+\sqrt{k+1}}=\frac{\sqrt{k+1}-\sqrt{k}}{(\sqrt{k+1}+\sqrt{k})(\sqrt{k+1}-\sqrt{k})}$

$$=\frac{\sqrt{k+1}-\sqrt{k}}{(k+1)-k}=\sqrt{k+1}-\sqrt{k}$$

(2) $S_n=\sum_{k=1}^{n}\frac{1}{\sqrt{k}+\sqrt{k+1}}=\sum_{k=1}^{n}(\sqrt{k+1}-\sqrt{k})$

$$=(\sqrt{2}-\sqrt{1})+(\sqrt{3}-\sqrt{2})+(\sqrt{4}-\sqrt{3})+\cdots\cdots+(\sqrt{n+1}-\sqrt{n})$$

$$\boldsymbol{=\sqrt{n+1}-1}$$

問34 次の和 S_n を求めよ。

教科書 p.28

$$S_n=1\cdot2+3\cdot2^2+5\cdot2^3+\cdots\cdots+(2n-1)\cdot2^n$$

ガイド 各項が等差数列と等比数列の対応する項の積になっている。

このような数列の和 S_n を求めるには，等比数列の公比 r を用いて，S_n-rS_n を計算すればよい。ただし，教科書 p.28 の例題 10 と異なり，本問の場合はこのような処理の後に等比数列の和の形がストレートに現れないので，下線部～～のような若干の調整が必要になる。

解答 $S_n=1\cdot2+3\cdot2^2+5\cdot2^3+\cdots\cdots+(2n-3)\cdot2^{n-1}+(2n-1)\cdot2^n$ …①

①の両辺に 2 を掛けると，

$2S_n=\quad 1\cdot2^2+3\cdot2^3+5\cdot2^4+\cdots\cdots+(2n-3)\cdot2^n+(2n-1)\cdot2^{n+1}$ ……②

①−② より，

$$\begin{aligned}-S_n&=\underline{1\cdot2+2\cdot2^2+2\cdot2^3+\cdots\cdots+2\cdot2^n}-(2n-1)\cdot2^{n+1}\\&=\underline{2(2+2^2+2^3+\cdots\cdots+2^n)-2}-(2n-1)\cdot2^{n+1}\\&=2\cdot\frac{2(2^n-1)}{2-1}-2-(2n-1)\cdot2^{n+1}\\&=2\cdot2^{n+1}-4-2-2n\cdot2^{n+1}+2^{n+1}\\&=(3-2n)\cdot2^{n+1}-6\end{aligned}$$

よって，　$\boldsymbol{S_n=(2n-3)\cdot2^{n+1}+6}$

問35 正の奇数の列を次のような区画に分け，第 n 区画には $(2n-1)$ 個の項が入るようにする。

教科書 p.29

1 | 3, 5, 7 | 9, 11, 13, 15, 17 | 19, 21, ……

このとき，次のものを求めよ。

(1) 第 n 区画の最初の数　　(2) 第 n 区画に入る数の和

ガイド まず，第 n 区画に入る項数は $2n-1$ であることを押さえたうえで，次の方針で考える。

(1) 1つ前の第 $(n-1)$ 区画までに入る項の総数を数える。

(2) 第 n 区画の初項，公差，項数を確かめ，等差数列の和を求める。

解答 (1) 第 n 区画には $(2n-1)$ 個の項が入る。

$n\geqq2$ のとき，第 $(n-1)$ 区画までに入る項の総数は，

$1+3+5+\cdots\cdots+\{2(n-1)-1\}$
$=(n-1)^2$

よって，第n区画の最初の数は，
$\{(n-1)^2+1\}$番目の正の奇数，すなわち，

$2\{(n-1)^2+1\}-1=2n^2-4n+3$　$\cdots\cdots$①

一方，$n=1$ のとき，第1区画の最初の数は1であり，これは①で $n=1$ とした値に一致する。

以上より，第n区画の最初の数は，　$\boldsymbol{2n^2-4n+3}$

(2)　第n区画は，初項 $2n^2-4n+3$，公差2，項数 $2n-1$ の等差数列であり，末項は，$2n^2-4n+3+\{(2n-1)-1\}\cdot 2=2n^2-1$ であるから，その和は，

$\frac{1}{2}(2n-1)\{(2n^2-4n+3)+(2n^2-1)\}$
$=\boldsymbol{(2n-1)(2n^2-2n+1)}$

補足　教科書 p.29 の例題11や本問のように，区画に分けた数列を**群数列**，第n区画を**第n群**ということがある。

節末問題　第2節　いろいろな数列

1 次の和を求めよ。

教科書 p.30

(1) $\sum_{k=1}^{n} k(k-2)$　　(2) $\sum_{i=1}^{n} (2^i+3)$

(3) $1\cdot3+4\cdot4+9\cdot5+\cdots\cdots+n^2(n+2)$

(4) $1\cdot2\cdot3+2\cdot3\cdot4+3\cdot4\cdot5+\cdots\cdots+n(n+1)(n+2)$

ガイド $\sum$を用いた数列の和の公式を使う。

$$\sum_{k=1}^{n} 1=n \qquad \sum_{k=1}^{n} k=\frac{1}{2}n(n+1)$$

$$\sum_{k=1}^{n} k^2=\frac{1}{6}n(n+1)(2n+1) \qquad \sum_{k=1}^{n} k^3=\left\{\frac{1}{2}n(n+1)\right\}^2$$

$$\sum_{k=1}^{n} ar^{k-1}=\frac{a(1-r^n)}{1-r}=\frac{a(r^n-1)}{r-1} \quad (r\neq1)$$

(3), (4)は，まず第k項をkの式で表し，$\sum$の計算に直す。

解答 (1) $\sum_{k=1}^{n} k(k-2)=\sum_{k=1}^{n} k^2-2\sum_{k=1}^{n} k$

$=\frac{1}{6}n(n+1)(2n+1)-2\cdot\frac{1}{2}n(n+1)$

$=\frac{1}{6}n(n+1)\{(2n+1)-6\}=\boldsymbol{\frac{1}{6}n(n+1)(2n-5)}$

(2) $\sum_{i=1}^{n} (2^i+3)=\sum_{i=1}^{n} 2^i+3\sum_{i=1}^{n} 1=\frac{2(2^n-1)}{2-1}+3\cdot n$

$=\boldsymbol{2^{n+1}+3n-2}$

(3) $1\cdot3+4\cdot4+9\cdot5+\cdots\cdots+n^2(n+2)$

$=\sum_{k=1}^{n} k^2(k+2)=\sum_{k=1}^{n} k^3+2\sum_{k=1}^{n} k^2$

$=\left\{\frac{1}{2}n(n+1)\right\}^2+2\cdot\frac{1}{6}n(n+1)(2n+1)$

$=\frac{1}{12}n(n+1)\{3n(n+1)+4(2n+1)\}$

$=\boldsymbol{\frac{1}{12}n(n+1)(3n^2+11n+4)}$

(4)　$1\cdot2\cdot3+2\cdot3\cdot4+3\cdot4\cdot5+\cdots\cdots+n(n+1)(n+2)$

$$=\sum_{k=1}^{n}k(k+1)(k+2)=\sum_{k=1}^{n}k^3+3\sum_{k=1}^{n}k^2+2\sum_{k=1}^{n}k$$

$$=\left\{\frac{1}{2}n(n+1)\right\}^2+3\cdot\frac{1}{6}n(n+1)(2n+1)+2\cdot\frac{1}{2}n(n+1)$$

$$=\frac{1}{4}n(n+1)\{n(n+1)+2(2n+1)+4\}$$

$$=\frac{1}{4}n(n+1)(n^2+5n+6)=\boldsymbol{\frac{1}{4}n(n+1)(n+2)(n+3)}$$

2　教科書 p.30

次の数列 $\{a_n\}$ の一般項を求めよ。

(1)　1，−2，7，−20，61，−182，……

(2)　3，4，8，17，33，58，……

ガイド　(1)，(2)とも等差数列でも等比数列でもない。このような場合は，階差数列を考えてみるとよい。

(1)　1　−2　7　−20　61　−182　…
　　−3　9　−27　81　−243　…

(2)　3　4　8　17　33　58　…
　　1　4　9　16　25　…

(2)では，

$$\sum_{k=1}^{n-1}k^2=\frac{1}{6}(n-1)\{(n-1)+1\}\{2(n-1)+1\}=\frac{1}{6}n(n-1)(2n-1)$$

を用いる。

解答　(1)　この数列 $\{a_n\}$ の階差数列 $\{b_n\}$ は，

−3，9，−27，81，−243，……

で，初項 −3，公比 −3 の等比数列であるから，

$$b_n=-3\cdot(-3)^{n-1}=(-3)^n$$

よって，$n\geqq2$ のとき，

$$a_n=a_1+\sum_{k=1}^{n-1}b_k=1+\sum_{k=1}^{n-1}(-3)^k=1+\frac{-3\{1-(-3)^{n-1}\}}{1-(-3)}$$

$$=\frac{1}{4}\{1-(-3)^n\}\quad\cdots\cdots①$$

①の右辺は，$n=1$ のとき，$\frac{1}{4}\{1-(-3)\}=1$ となり，初項 a_1 と一致する。

以上より，一般項は，　$\boldsymbol{a_n=\frac{1}{4}\{1-(-3)^n\}}$

(2) この数列 $\{a_n\}$ の階差数列 $\{b_n\}$ は，

$$1,\ 4,\ 9,\ 16,\ 25,\ \cdots\cdots$$

であるから，　$b_n=n^2$

よって，$n\geqq 2$ のとき，

$$a_n=a_1+\sum_{k=1}^{n-1}b_k=3+\sum_{k=1}^{n-1}k^2$$
$$=3+\frac{1}{6}n(n-1)(2n-1)$$
$$=3+\frac{1}{6}(2n^3-3n^2+n)$$
$$=\frac{1}{6}(2n^3-3n^2+n+18)\quad\cdots\cdots①$$

①の右辺は，$n=1$ のとき，$\frac{1}{6}(2\cdot1^3-3\cdot1^2+1+18)=3$ となり，初項 a_1 と一致する。

以上より，一般項は，　$\boldsymbol{a_n=\frac{1}{6}(2n^3-3n^2+n+18)}$

☐ **3** 教科書 p.30

初項から第 n 項までの和 S_n が，次の式で与えられる数列 $\{a_n\}$ の一般項を求めよ。

(1) $S_n=n^3+2$　　(2) $S_n=3\cdot(-2)^n$

ガイド $a_1=S_1$，$n\geqq 2$ のとき，$a_n=S_n-S_{n-1}$　$\cdots\cdots(*)$

$(*)$から得られた a_n が，$n=1$ のときも成り立つかどうかを確かめる。

解答 (1) $a_1=S_1=1^3+2=3$

$n\geqq 2$ のとき，

$$a_n=S_n-S_{n-1}=n^3+2-\{(n-1)^3+2\}$$
$$=3n^2-3n+1\quad\cdots\cdots①$$

①の右辺は，$n=1$ のとき，$3\cdot1^2-3\cdot1+1=1$ となり，初項 a_1 とは一致しない。

以上より，一般項は，　**$a_1=3$，$n\geqq 2$ のとき，$a_n=3n^2-3n+1$**

(2) $a_1=S_1=3\cdot(-2)^1=-6$

$n\geqq 2$ のとき，

$$a_n=S_n-S_{n-1}=3\cdot(-2)^n-3\cdot(-2)^{n-1}$$
$$=-6\cdot(-2)^{n-1}-3\cdot(-2)^{n-1}=-9\cdot(-2)^{n-1}\quad\cdots\cdots①$$

①の右辺は，$n=1$ のとき，$-9\cdot(-2)^0=-9\cdot1=-9$ となり，初項 a_1 とは一致しない。

以上より，一般項は，

$$\boldsymbol{a_1=-6,\ n\geqq2\ \text{のとき},\ a_n=-9\cdot(-2)^{n-1}}$$

4 教科書 p.30

1，1+2，1+2+3，1+2+3+4，……，1+2+3+……+n を数列 $\{a_n\}$ とする。このとき，次のものを求めよ。

(1)　第 k 項 a_k　　(2)　$\displaystyle\sum_{k=1}^{n}a_k$　　(3)　$\displaystyle\sum_{k=1}^{n}\frac{1}{a_k}$

ガイド (1)　第 k 項 a_k は，1 から k までの自然数の和である。

(3)　$\dfrac{1}{a_k}$ を，分数の差の形に分解する。

解答 (1)　$a_k=1+2+3+\cdots\cdots+k=\boldsymbol{\dfrac{1}{2}k(k+1)}$

(2)　$\displaystyle\sum_{k=1}^{n}a_k=\sum_{k=1}^{n}\frac{1}{2}k(k+1)=\frac{1}{2}\left(\sum_{k=1}^{n}k^2+\sum_{k=1}^{n}k\right)$

$$=\frac{1}{2}\left\{\frac{1}{6}n(n+1)(2n+1)+\frac{1}{2}n(n+1)\right\}$$

$$=\frac{1}{12}n(n+1)\{(2n+1)+3\}$$

$$=\frac{1}{12}n(n+1)\cdot2(n+2)=\boldsymbol{\frac{1}{6}n(n+1)(n+2)}$$

(3)　$\dfrac{1}{a_k}=\dfrac{2}{k(k+1)}$ である。

$\dfrac{1}{k(k+1)}=\dfrac{1}{k}-\dfrac{1}{k+1}$ なので，

$$\sum_{k=1}^{n}\frac{1}{a_k}=\sum_{k=1}^{n}\frac{2}{k(k+1)}=2\sum_{k=1}^{n}\left(\frac{1}{k}-\frac{1}{k+1}\right)$$

$$=2\left\{\left(\frac{1}{1}-\frac{1}{2}\right)+\left(\frac{1}{2}-\frac{1}{3}\right)+\left(\frac{1}{3}-\frac{1}{4}\right)+\cdots\cdots+\left(\frac{1}{n}-\frac{1}{n+1}\right)\right\}$$

$$=2\left(1-\frac{1}{n+1}\right)=\boldsymbol{\frac{2n}{n+1}}$$

5　教科書 p.30

数列 1, $2x$, $3x^2$, ……, nx^{n-1} の初項から第 n 項までの和 S_n を求めよ。

ガイド 各項が等差数列 1, 2, 3, ……, n と, 等比数列 1, x, x^2, ……, x^{n-1} の対応する項の積になっている。$x \neq 1$, $x=1$ に場合分けして, $x \neq 1$ のときは, $S_n - xS_n$ を計算する。

解答

$$S_n = 1 + 2x + 3x^2 + \cdots\cdots + (n-1)x^{n-2} + nx^{n-1} \quad \cdots\cdots①$$

①の両辺に x を掛けると,

$$xS_n = \quad x + 2x^2 + 3x^3 + \cdots\cdots + (n-1)x^{n-1} + nx^n \quad \cdots②$$

$x \neq 1$ のとき, ①−② より,

$$(1-x)S_n = 1 + x + x^2 + \cdots\cdots + x^{n-1} - nx^n$$

$$= \frac{1-x^n}{1-x} - nx^n = \frac{1-x^n-nx^n(1-x)}{1-x}$$

$$= \frac{1-(n+1)x^n+nx^{n+1}}{1-x}$$

よって,　$S_n = \dfrac{1-(n+1)x^n+nx^{n+1}}{(1-x)^2}$

$x=1$ のとき,　$S_n = 1+2+3+\cdots\cdots+n = \dfrac{1}{2}n(n+1)$

したがって,　**$x \neq 1$ のとき, $S_n = \dfrac{1-(n+1)x^n+nx^{n+1}}{(1-x)^2}$**

$x=1$ のとき, $S_n = \dfrac{1}{2}n(n+1)$

6　教科書 p.30

1 | 2, 3 | 4, 5, 6, 7 | 8, …… のように, 自然数の列を第 n 区画に 2^{n-1} 個の項が入るように分ける。このとき, 次のものを求めよ。

(1)　第 n 区画の最初の数　　(2)　第 n 区画に入る数の和

ガイド 第 n 区画に入る項数が 2^{n-1} であることを押さえたうえで, 次のように考える。

(1)　第 $(n-1)$ 区画までに入る項の総数を求めて, 1を加える。

(2)　第 n 区画の初項, 公差, 項数を確かめ, 等差数列の和を求める。

解答 (1)　$n \geqq 2$ のとき, 第 $(n-1)$ 区画までに入る項の総数は,

$$1+2+2^2+2^3+\cdots\cdots+2^{n-2} = \frac{2^{n-1}-1}{2-1} = 2^{n-1}-1$$

よって，第 n 区画の最初の数は，$(2^{n-1}-1)+1=2^{n-1}$ ……①

一方，$n=1$ のとき，第1区画の最初の数は1であり，これは①で $n=1$ とした値に一致する。

以上より，第 n 区画の最初の数は，　$\mathbf{2^{n-1}}$

(2)　第 n 区画は，初項 2^{n-1}，公差1，項数 2^{n-1} の等差数列であるから，その和は，

$$\frac{1}{2}\cdot 2^{n-1}\cdot\{2\cdot 2^{n-1}+(2^{n-1}-1)\cdot 1\}=\mathbf{2^{n-2}\cdot(3\cdot 2^{n-1}-1)}$$

第3節 漸化式と数学的帰納法

1 漸化式

問 36 次のように定められる数列 $\{a_n\}$ の初項から第5項までを求めよ。

教科書 p.31

(1) $a_1=2,\ a_{n+1}=-3a_n+5\quad(n=1,\ 2,\ 3,\ \cdots\cdots)$

(2) $a_1=1,\ a_{n+1}=3a_n-n\quad(n=1,\ 2,\ 3,\ \cdots\cdots)$

ガイド 数列において，前の項から次の項を作る手続きを表す関係式を**漸化式**(ぜんかしき)という。$a_{n+1}=-3a_n+5\ (n=1,\ 2,\ 3,\ \cdots\cdots)$ は漸化式である。

漸化式によって，$a_2,\ a_3,\ a_4,\ \cdots\cdots$ の値が次々と定まっていく。すなわち，数列 $\{a_n\}$ は，初項 a_1 と漸化式の2つの条件によって定まる。

解答

(1) $\boldsymbol{a_1=2}$

$\boldsymbol{a_2}=-3\cdot2+5=\boldsymbol{-1}$

$\boldsymbol{a_3}=-3\cdot(-1)+5=\boldsymbol{8}$

$\boldsymbol{a_4}=-3\cdot8+5=\boldsymbol{-19}$

$\boldsymbol{a_5}=-3\cdot(-19)+5=\boldsymbol{62}$

(2) $\boldsymbol{a_1=1}$

$\boldsymbol{a_2}=3a_1-1=3\cdot1-1=\boldsymbol{2}$

$\boldsymbol{a_3}=3a_2-2=3\cdot2-2=\boldsymbol{4}$

$\boldsymbol{a_4}=3a_3-3=3\cdot4-3=\boldsymbol{9}$

$\boldsymbol{a_5}=3a_4-4=3\cdot9-4=\boldsymbol{23}$

注意 今後，漸化式では，とくに断らない限り，$n=1,\ 2,\ 3,\ \cdots\cdots$ で成り立つものとする。

問 37 次のように定められる数列 $\{a_n\}$ の一般項を求めよ。

教科書 p.32

(1) $a_1=3,\ a_{n+1}=a_n+4$　　(2) $a_1=5,\ a_{n+1}=3a_n$

ガイド 各項に一定の数 d を加えて次の項が得られる等差数列，一定の数 r を掛けて次の項が得られる等比数列は，すでに学んでいる。

[1] $a_1=a,\ a_{n+1}=a_n+d$

で定められる数列 $\{a_n\}$ は，初項 a，公差 d の等差数列である。

よって，　$a_n=a+(n-1)d$

[2] $a_1=a,\ a_{n+1}=ra_n$

で定められる数列 $\{a_n\}$ は，初項 a，公比 r の等比数列である。

よって，　$a_n=ar^{n-1}$

解答 (1) 初項3，公差4の等差数列であるから，

$$\boldsymbol{a_n}=3+(n-1)\cdot4=\boldsymbol{4n-1}$$

(2) 初項5，公比3の等比数列であるから，　$\boldsymbol{a_n=5\cdot3^{n-1}}$

問 38　次のように定められる数列 $\{a_n\}$ の一般項を求めよ。

教科書 p.32

(1)　$a_1=3,\ a_{n+1}=a_n+n^2-n$　　(2)　$a_1=5,\ a_{n+1}=a_n+2^n$

ガイド　$a_{n+1}=a_n+(n$ の式$)$ の形の漸化式は，(n の式) が数列 $\{a_n\}$ の階差数列の一般項であることを表している。

解答　(1)　$b_n=a_{n+1}-a_n$ とおくと，　$b_n=n^2-n$

数列 $\{b_n\}$ は数列 $\{a_n\}$ の階差数列であるから，$n\geqq 2$ のとき，

$$a_n=a_1+\sum_{k=1}^{n-1}b_k=3+\sum_{k=1}^{n-1}(k^2-k)$$
$$=3+\sum_{k=1}^{n-1}k^2-\sum_{k=1}^{n-1}k$$
$$=3+\frac{1}{6}n(n-1)(2n-1)-\frac{1}{2}n(n-1)$$
$$=3+\frac{1}{6}n(n-1)\{(2n-1)-3\}$$
$$=3+\frac{1}{3}n(n-1)(n-2)$$
$$=\frac{1}{3}(n^3-3n^2+2n+9)\quad\cdots\cdots①$$

①の右辺は，$n=1$ のとき，$\frac{1}{3}(1^3-3\cdot 1^2+2\cdot 1+9)=3$ となり，初項 a_1 と一致する。

以上より，一般項は，　$\boldsymbol{a_n=\frac{1}{3}(n^3-3n^2+2n+9)}$

(2)　$b_n=a_{n+1}-a_n$ とおくと，　$b_n=2^n$

数列 $\{b_n\}$ は数列 $\{a_n\}$ の階差数列であるから，$n\geqq 2$ のとき，

$$a_n=a_1+\sum_{k=1}^{n-1}b_k$$
$$=5+\sum_{k=1}^{n-1}2^k$$
$$=5+\frac{2(2^{n-1}-1)}{2-1}$$
$$=2^n+3\quad\cdots\cdots①$$

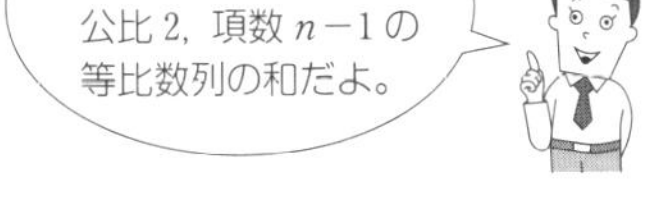
$\sum_{k=1}^{n-1}2^k$ は，初項 2，
公比 2，項数 $n-1$ の
等比数列の和だよ。

①の右辺は，$n=1$ のとき，$2^1+3=5$ となり，初項 a_1 と一致する。

以上より，一般項は，　$\boldsymbol{a_n=2^n+3}$

問 39 教科書 33 ページにおいて，①を③に変形できるならば，α は②を満たすことを示せ。

教科書 p.33

ガイド

$a_{n+1}=pa_n+q$ ……①

$\alpha=p\alpha+q$ ……②

$a_{n+1}-\alpha=p(a_n-\alpha)$ ……③

①を③に変形できるということは，①と③は同値な式であるということである。③において，a_{n+1}，a_n の係数は①と同じなので，①と同じ形に整理したときの定数項が一致することになる。

解答 ③を整理すると，　$a_{n+1}=pa_n-p\alpha+\alpha$ ……④

①を③に変形できるので，①の定数項 q と④の定数項 $-p\alpha+\alpha$ は一致する。

よって，$q=-p\alpha+\alpha$　すなわち，$\alpha=p\alpha+q$ ……②

問 40 次のように定められる数列 $\{a_n\}$ の一般項を求めよ。

教科書 p.33

(1) $a_1=2$，$a_{n+1}=3a_n-2$　　(2) $a_1=4$，$a_{n+1}=-2a_n-6$

ガイド p，q が 0 でない定数で，$p\neq1$ とする。数列 $\{a_n\}$ の漸化式が

$a_{n+1}=pa_n+q$ ……①

であるとき，①を

$a_{n+1}-\alpha=p(a_n-\alpha)$ ……②

の形に変形して，等比数列 $\{a_n-\alpha\}$ を考えることにより，数列 $\{a_n\}$ の一般項を求めることができる。

①を②に変形する α を求めるには，①で a_{n+1}，a_n を α とした α についての方程式 $\alpha=p\alpha+q$ を解けばよい。

(1)は，$\alpha=3\alpha-2$，(2)は，$\alpha=-2\alpha-6$ を解いて，α を求める。

解答 (1) $a_{n+1}=3a_n-2$ を変形すると，

$a_{n+1}-1=3(a_n-1)$

ここで，$c_n=a_n-1$ とおくと，

$c_{n+1}=3c_n$，$c_1=a_1-1=2-1=1$

よって，数列 $\{c_n\}$ は，初項 1，公比 3 の等比数列となり，

$c_n=1\cdot3^{n-1}$，すなわち，$a_n-1=3^{n-1}$

よって，　$\boldsymbol{a_n=3^{n-1}+1}$

(2) $a_{n+1}=-2a_n-6$ を変形すると，

$$a_{n+1}+2=-2(a_n+2)$$

ここで，$c_n=a_n+2$ とおくと，

$$c_{n+1}=-2c_n,\quad c_1=a_1+2=4+2=6$$

よって，数列 $\{c_n\}$ は，初項 6，公比 -2 の等比数列となり，

$$c_n=6\cdot(-2)^{n-1}\quad すなわち，\quad a_n+2=-3\cdot(-2)^n$$

よって，　$\boldsymbol{a_n=-3\cdot(-2)^n-2}$

問 41　教科書 34 ページの例題 14 において，n 本の直線によってできる交点の個数を n を用いて表せ。

教科書 p.34

ガイド　n 本の直線によってできる交点を a_n 個として，数列 $\{a_n\}$ の漸化式を求める。

解答　n 本の直線によって a_n 個の交点ができているとする。

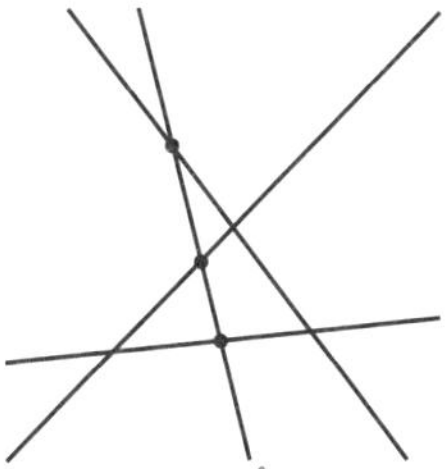

$(n+1)$ 本目の直線 ℓ を引くと，ℓ はすでに引かれている n 本の直線と，n 個の点で交わり，交点は n 個増えるので，

$$a_{n+1}=a_n+n$$

よって，数列 $\{a_n\}$ の階差数列を $\{b_n\}$ とすると，

$$b_n=a_{n+1}-a_n=n$$

ここで，$a_1=0$ であるから，$n\geqq 2$ のとき，

$$a_n=a_1+\sum_{k=1}^{n-1}b_k=0+\sum_{k=1}^{n-1}k=\frac{1}{2}n(n-1)\quad\cdots\cdots①$$

①の右辺は，$n=1$ のとき，$\frac{1}{2}\cdot1\cdot(1-1)=0$ となり，初項 a_1 と一致する。

よって，　$a_n=\frac{1}{2}n(n-1)$

したがって，n 本の直線によってできる交点の個数は，

$$\boldsymbol{\frac{1}{2}n(n-1)}\ \textbf{個}$$

2 数学的帰納法

問42 n が自然数のとき，数学的帰納法を用いて，次の等式を証明せよ。

教科書 p.36

$$1\cdot2+2\cdot3+3\cdot4+\cdots\cdots+n(n+1)=\frac{1}{3}n(n+1)(n+2)$$

ガイド

ここがポイント [数学的帰納法]

自然数 n を含んだ命題 P が，すべての自然数 n について成り立つことを証明するには，次の2つのことを示せばよい。

(I) $n=1$ のとき P が成り立つ。

(II) $n=k$ のとき P が成り立つと仮定すると，$n=k+1$ のときも P が成り立つ。

$n=k$ のとき成り立つと仮定して，$n=k+1$ のとき，

$$1\cdot2+2\cdot3+3\cdot4+\cdots\cdots+k(k+1)+(k+1)\{(k+1)+1\}$$
$$=\frac{1}{3}(k+1)\{(k+1)+1\}\{(k+1)+2\}$$

が成り立つことを示せばよい。

解答 等式 $1\cdot2+2\cdot3+3\cdot4+\cdots\cdots+n(n+1)=\frac{1}{3}n(n+1)(n+2)$ を①とおく。

(I) $n=1$ のとき，

①の左辺 $=1\cdot2=2$，①の右辺 $=\frac{1}{3}\cdot1\cdot2\cdot3=2$

よって，①は成り立つ。

(II) $n=k$ のとき①が成り立つと仮定する。すなわち，

$$1\cdot2+2\cdot3+3\cdot4+\cdots\cdots+k(k+1)=\frac{1}{3}k(k+1)(k+2) \quad \cdots\cdots②$$

$n=k+1$ のときの①の左辺を，②を用いて変形すると，

$$1\cdot2+2\cdot3+3\cdot4+\cdots\cdots+k(k+1)+(k+1)\{(k+1)+1\}$$
$$=\frac{1}{3}k(k+1)(k+2)+(k+1)(k+2)$$
$$=\frac{1}{3}(k+1)(k+2)(k+3)$$
$$=\frac{1}{3}(k+1)\{(k+1)+1\}\{(k+1)+2\}$$

〰〰は，(II)のはじめに
成り立つと仮定したよ。

よって，$n=k+1$ のときも①が成り立つ。

(Ⅰ)，(Ⅱ)より，すべての自然数 n について①は成り立つ。

問 43　n が2以上の自然数のとき，次の不等式を証明せよ。

教科書 p.37

$$3^n>2n+1$$

ガイド　この問題では，$n\geqq 2$ であるから，次の2つを証明すればよい。

(Ⅰ)　$n=2$ のとき成り立つ。

(Ⅱ)　$n=k$ $(k\geqq 2)$ のとき成り立つと仮定すると，$n=k+1$ のときも成り立つ。

解答　不等式 $3^n>2n+1$ を①とおく。

(Ⅰ)　$n=2$ のとき，

①の左辺 $=3^2=9$

①の右辺 $=2\cdot 2+1=5$

よって，①は成り立つ。

(Ⅱ)　$k\geqq 2$ として，$n=k$ のとき①が成り立つと仮定する。すなわち，

$$3^k>2k+1 \quad \cdots\cdots ②$$

$n=k+1$ のときの①の両辺の差を，②を用いて変形すると，

$$\begin{aligned}&3^{k+1}-\{2(k+1)+1\}\\&=3\cdot 3^k-2k-3\\&>3\cdot(2k+1)-2k-3\\&=4k>0\end{aligned}$$

したがって，　$3^{k+1}>2(k+1)+1$

よって，$n=k+1$ のときも①が成り立つ。

(Ⅰ)，(Ⅱ)より，2以上のすべての自然数 n について①は成り立つ。

問 44　n が自然数のとき，$4n^3-n$ は3の倍数であることを数学的帰納法を用いて証明せよ。

教科書 p.38

ガイド　与えられた式が3の倍数であることを示すには，3×(整数) の形に変形できればよい。

解答 命題「$4n^3-n$ は3の倍数である」を①とおく。

(I) $n=1$ のとき，

$$4n^3-n=4\cdot1^3-1=3$$

となり，①は成り立つ。

(II) $n=k$ のとき①が成り立つと仮定する。すると，$4k^3-k$ は，ある整数 m を用いて，$4k^3-k=3m$ ……② と表せる。

$n=k+1$ のときの $4n^3-n$ を②を用いて変形すると，

$$\begin{aligned}4(k+1)^3-(k+1)&=4k^3+12k^2+12k+4-k-1\\&=(4k^3-k)+(12k^2+12k+3)\\&=3m+3(4k^2+4k+1)\\&=3(m+4k^2+4k+1)\end{aligned}$$

$m+4k^2+4k+1$ は整数であるから，$3(m+4k^2+4k+1)$ は3の倍数となるので，$4(k+1)^3-(k+1)$ は3の倍数である。

よって，$n=k+1$ のときも①が成り立つ。

(I)，(II)より，すべての自然数 n について①は成り立つ。

問 45 $a_1=2$，$a_{n+1}=-a_n+2n+3$ で定められる数列 $\{a_n\}$ の一般項を推定し，それが正しいことを数学的帰納法を用いて証明せよ。

教科書 p.39

ガイド 初項と漸化式を使って，a_2，a_3，a_4，…… と，一般項 a_n が推定できる程度まで求める。そのあとで，推定した一般項が正しいことを証明すればよい。

数学的帰納法の証明の(II)としては，$n=k$ のときに推定した一般項が正しいと仮定して，漸化式を用いて，$n=k+1$ のときにも正しいことを示せばよい。

解答 $a_1=2$ より，　$a_2=-2+2\cdot1+3=3$

さらに，　$a_3=-3+2\cdot2+3=4$

　$a_4=-4+2\cdot3+3=5$

これより，一般項 a_n は次のようになると推定される。

$$\boldsymbol{a_n=n+1} \quad \cdots\cdots ①$$

①が正しいことを，数学的帰納法を用いて証明する。

(I) $n=1$ のとき，$a_1=2$ より，①は成り立つ。

(II) $n=k$ のとき①が成り立つと仮定する。すなわち，

$$a_k=k+1 \quad \cdots\cdots ②$$

$n=k+1$ のときを考えるために，与えられた漸化式を用いると，②より，

$$a_{k+1}=-a_k+2k+3=-(k+1)+2k+3$$
$$=k+2=(k+1)+1$$

よって，$n=k+1$ のときも①が成り立つ。

(I)，(II)より，すべての自然数 n について①は成り立つ。

参考　隣接３項間の漸化式　〈発展〉

問 1　次のように定められる数列 $\{a_n\}$ の一般項を求めよ。

教科書 p.40

$$a_1=2,\ a_2=9,\ a_{n+2}-5a_{n+1}+6a_n=0$$

ガイド　一般に，p，q を 0 でない定数とすると，漸化式 $a_{n+2}-pa_{n+1}+qa_n=0$ は，2 次方程式 $x^2-px+q=0$ が異なる 2 つの解 α，β をもつとき，次の 2 通りに変形できる。

$$\begin{cases} a_{n+2}-\alpha a_{n+1}=\beta(a_{n+1}-\alpha a_n) \\ a_{n+2}-\beta a_{n+1}=\alpha(a_{n+1}-\beta a_n) \end{cases}$$

数列 $\{a_{n+1}-\alpha a_n\}$，$\{a_{n+1}-\beta a_n\}$ の一般項を求め，a_{n+1} を消去する。

解答　与えられた漸化式は，次の 2 通りに変形することができる。

$$a_{n+2}-2a_{n+1}=3(a_{n+1}-2a_n) \quad \cdots\cdots①$$
$$a_{n+2}-3a_{n+1}=2(a_{n+1}-3a_n) \quad \cdots\cdots②$$

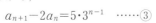

①より，数列 $\{a_{n+1}-2a_n\}$ は，初項 $a_2-2a_1=9-2\cdot2=5$，公比 3 の等比数列であるから，

$$a_{n+1}-2a_n=5\cdot3^{n-1} \quad \cdots\cdots③$$

②より，数列 $\{a_{n+1}-3a_n\}$ は，初項 $a_2-3a_1=9-3\cdot2=3$，公比 2 の等比数列であるから，

$$a_{n+1}-3a_n=3\cdot2^{n-1} \quad \cdots\cdots④$$

③－④ より，数列 $\{a_n\}$ の一般項は，

$$\boldsymbol{a_n=5\cdot3^{n-1}-3\cdot2^{n-1}}$$

節末問題 第3節 漸化式と数学的帰納法

1 教科書 p.41

次のように定められる数列 $\{a_n\}$ の一般項を求めよ。

(1) $a_1=2,\ a_{n+1}=a_n+2n-1$

(2) $a_1=2,\ a_{n+1}=a_n+3\cdot 4^n$

(3) $a_1=6,\ 3a_{n+1}=2a_n+1$

ガイド (1), (2) $a_{n+1}=a_n+(n\text{の式})$ の形の漸化式は，$(n\text{の式})$ が階差数列の一般項であることを表す。

(3) $a_{n+1}=pa_n+q$ の形にしてから，さらに，$a_{n+1}-\alpha=p(a_n-\alpha)$ の形に変形する。α は，$\alpha=p\alpha+q$ を解いて求める。

解答 (1) $b_n=a_{n+1}-a_n$ とおくと，　$b_n=2n-1$

数列 $\{b_n\}$ は数列 $\{a_n\}$ の階差数列であるから，$n\geqq 2$ のとき，

$$a_n=a_1+\sum_{k=1}^{n-1}b_k=2+\sum_{k=1}^{n-1}(2k-1)=2+2\sum_{k=1}^{n-1}k-\sum_{k=1}^{n-1}1$$
$$=2+2\cdot\frac{n(n-1)}{2}-(n-1)$$
$$=n^2-2n+3 \quad\cdots\cdots①$$

①の右辺は，$n=1$ のとき，$1^2-2\cdot1+3=2$ となり，初項 a_1 と一致する。

以上より，一般項は，　$\boldsymbol{a_n=n^2-2n+3}$

(2) $b_n=a_{n+1}-a_n$ とおくと，　$b_n=3\cdot 4^n$

数列 $\{b_n\}$ は数列 $\{a_n\}$ の階差数列であるから，$n\geqq 2$ のとき，

$$a_n=a_1+\sum_{k=1}^{n-1}b_k=2+\sum_{k=1}^{n-1}3\cdot4^k$$
$$=2+\frac{3\cdot4(4^{n-1}-1)}{4-1}=4^n-2 \quad\cdots\cdots①$$

①の右辺は，$n=1$ のとき，$4^1-2=2$ となり，初項 a_1 と一致する。

以上より，一般項は，　$\boldsymbol{a_n=4^n-2}$

$\alpha=\frac{2}{3}\alpha+\frac{1}{3}$ を解くと，
$\alpha=1$ だね。

(3) $3a_{n+1}=2a_n+1$ より，　$a_{n+1}=\dfrac{2}{3}a_n+\dfrac{1}{3}$

これを変形すると，　$a_{n+1}-1=\dfrac{2}{3}(a_n-1)$

ここで，$c_n=a_n-1$ とおくと，

$c_{n+1}=\frac{2}{3}c_n$, $c_1=a_1-1=6-1=5$

よって，数列 $\{c_n\}$ は，初項5，公比 $\frac{2}{3}$ の等比数列となり，

$c_n=5\cdot\left(\frac{2}{3}\right)^{n-1}$，すなわち，$a_n-1=5\cdot\left(\frac{2}{3}\right)^{n-1}$

よって，　$\boldsymbol{a_n=5\cdot\left(\frac{2}{3}\right)^{n-1}+1}$

2 教科書 p.41

数列 $\{a_n\}$ の初項から第 n 項までの和 S_n が

$S_n=2a_n-n$

で与えられるとき，次の問いに答えよ。

(1) a_1 を求めよ。

(2) S_{n+1} と S_n を考えることにより，a_{n+1} を a_n の式で表せ。

(3) a_n を求めよ。

ガイド (1) $a_1=S_1$ より，$a_1=2a_1-1$ であることから，a_1 を求める。

(2) $S_n=2a_n-n$ ……① より，　$S_{n+1}=2a_{n+1}-(n+1)$ ……②

②－① を計算し，$S_{n+1}-S_n=a_{n+1}$ であることを利用する。

(3) (2)で求めた漸化式を解く。

解答 (1)　$S_n=2a_n-n$ ……①

$n=1$ のとき，$a_1=S_1$ であるから，$a_1=2a_1-1$ より，

$\boldsymbol{a_1=1}$

(2) ①より，　$S_{n+1}=2a_{n+1}-(n+1)$ ……②

②－① より，

$S_{n+1}-S_n=2(a_{n+1}-a_n)-1$

また，　$S_{n+1}-S_n=a_{n+1}$ であるから，

$a_{n+1}=2(a_{n+1}-a_n)-1$

よって，　$\boldsymbol{a_{n+1}=2a_n+1}$

(3) $a_{n+1}=2a_n+1$ を変形すると，

$a_{n+1}+1=2(a_n+1)$

ここで，$c_n=a_n+1$ とおくと，

$c_{n+1}=2c_n$, $c_1=a_1+1=1+1=2$

よって，数列 $\{c_n\}$ は，初項2，公比2の等比数列となり，

$\alpha=2\alpha+1$ を解くと，$\alpha=-1$ だよ。

$c_n=2\cdot 2^{n-1}$　すなわち，$a_n+1=2^n$

よって，　$\boldsymbol{a_n=2^n-1}$

☐ **3**　教科書 p.41

数学的帰納法を用いて，次の等式，不等式を証明せよ。

(1)　$1^2+3^2+5^2+\cdots\cdots+(2n-1)^2=\dfrac{1}{3}n(2n-1)(2n+1)$

(2)　n が 4 以上の自然数のとき，　$2^n>n+10$

ガイド　(2)のように，4 以上の自然数に対する命題を証明する場合，(I)として，$n=4$ のとき成り立つことを証明する。

解答　(1)　等式 $1^2+3^2+5^2+\cdots\cdots+(2n-1)^2=\dfrac{1}{3}n(2n-1)(2n+1)$ を①とおく。

(I)　$n=1$ のとき，

①の左辺$=1^2=1$

①の右辺$=\dfrac{1}{3}\cdot 1\cdot 1\cdot 3=1$

よって，①は成り立つ。

(II)　$n=k$ のとき①が成り立つと仮定する。すなわち，

$$1^2+3^2+5^2+\cdots\cdots+(2k-1)^2=\frac{1}{3}k(2k-1)(2k+1) \quad \cdots\cdots②$$

$n=k+1$ のときの①の左辺を，②を用いて変形すると，

$$\begin{aligned}&\underset{\sim\sim\sim}{1^2+3^2+5^2+\cdots\cdots+(2k-1)^2}+\{2(k+1)-1\}^2\\&=\frac{1}{3}k(2k-1)(2k+1)+(2k+1)^2\\&=\frac{1}{3}(2k+1)(2k^2+5k+3)\\&=\frac{1}{3}(k+1)(2k+1)(2k+3)\\&=\frac{1}{3}(k+1)\{2(k+1)-1\}\{2(k+1)+1\}\end{aligned}$$

よって，$n=k+1$ のときも①が成り立つ。

(I)，(II)より，すべての自然数 n について①は成り立つ。

(2)　不等式 $2^n>n+10$ を①とおく。

(I)　$n=4$ のとき，

①の左辺$=2^4=16$

①の右辺＝4＋10＝14

よって，①は成り立つ。

(II) $k \geqq 4$ として，$n=k$ のとき①が成り立つと仮定する。すなわち，

$$2^k > k+10 \quad \cdots\cdots ②$$

$n=k+1$ のときの①の両辺の差を，②を用いて変形すると，

$$2^{k+1}-\{(k+1)+10\}$$
$$=2\cdot 2^k-k-11>2\cdot(k+10)-k-11=k+9>0$$

したがって，　$2^{k+1}>(k+1)+10$

よって，$n=k+1$ のときも①が成り立つ。

(I)，(II)より，4以上のすべての自然数 n について①は成り立つ。

4　教科書 p.41

n が自然数のとき，$2n^3-3n^2+n$ は6の倍数であることを数学的帰納法を用いて証明せよ。

ガイド　整数 N が6の倍数であることは，整数 m を用いて，$N=6m$ の形で表されるということである。

解答　命題「$2n^3-3n^2+n$ は6の倍数である」を①とおく。

(I) $n=1$ のとき，

$$2n^3-3n^2+n=2\cdot 1^3-3\cdot 1^2+1=0$$

となり，①は成り立つ。

(II) $n=k$ のとき①が成り立つと仮定する。すると，$2k^3-3k^2+k$ は，ある整数 m を用いて，

$$2k^3-3k^2+k=6m \quad \cdots\cdots ②$$

と表せる。

$n=k+1$ のときの $2n^3-3n^2+n$ を②を用いて変形すると，

$$2(k+1)^3-3(k+1)^2+(k+1)$$
$$=2k^3+6k^2+6k+2-3k^2-6k-3+k+1$$
$$=(2k^3-3k^2+k)+6k^2$$
$$=6m+6k^2$$
$$=6(m+k^2)$$

$m+k^2$ は整数であるから，$6(m+k^2)$ は6の倍数であるので，$2(k+1)^3-3(k+1)^2+(k+1)$ は6の倍数である。

よって，$n=k+1$ のときも①が成り立つ。

(I), (II)より，すべての自然数 n について①は成り立つ。

5 教科書 p.41

$a_1=3$，$a_{n+1}=\dfrac{(a_n)^2-1}{n+1}$ で定められる数列について次の問いに答えよ。

(1) a_2，a_3，a_4，a_5 を求めよ。

(2) 数列 $\{a_n\}$ の一般項を推定し，それが正しいことを数学的帰納法を用いて証明せよ。

ガイド (1) 初項と漸化式を使って，a_2，a_3，…… を順次求める。

(2) 証明の(II)として，$n=k$ のときに推定した一般項が正しいと仮定し，漸化式を用いて，$n=k+1$ のときにも正しいことを示す。

解答 (1) $\boldsymbol{a_2}=\dfrac{(a_1)^2-1}{1+1}=\dfrac{3^2-1}{2}=\boldsymbol{4}$　　$\boldsymbol{a_3}=\dfrac{(a_2)^2-1}{2+1}=\dfrac{4^2-1}{3}=\boldsymbol{5}$

$\boldsymbol{a_4}=\dfrac{(a_3)^2-1}{3+1}=\dfrac{5^2-1}{4}=\boldsymbol{6}$　　$\boldsymbol{a_5}=\dfrac{(a_4)^2-1}{4+1}=\dfrac{6^2-1}{5}=\boldsymbol{7}$

(2) (1)より，一般項 a_n は次のようになると推定される。

$$\boldsymbol{a_n=n+2} \quad \cdots\cdots①$$

①が正しいことを，数学的帰納法を用いて証明する。

(I) $n=1$ のとき，$a_1=3$ より，①は成り立つ。

(II) $n=k$ のとき，①が成り立つと仮定する。すなわち，

$$a_k=k+2 \quad \cdots\cdots②$$

$n=k+1$ のとき，与えられた漸化式を用いると，②より，

$$a_{k+1}=\frac{(k+2)^2-1}{k+1}=\frac{\{(k+2)+1\}\{(k+2)-1\}}{k+1}$$
$$=k+3=(k+1)+2$$

よって，$n=k+1$ のときも①が成り立つ。

(I), (II)より，すべての自然数 n について①は成り立つ。

章末問題

A

1 教科書 p.42

ある等差数列の初項から第 10 項までの和は 100，第 11 項から第 20 項までの和は 200 であるという。この数列の第 21 項から第 30 項までの和を求めよ。

ガイド 数列 $\{a_n\}$ の初項から第 n 項までの和を S_n とすると，第 11 項から第 20 項までの和は，

$$a_{11}+a_{12}+\cdots\cdots+a_{20}=(a_1+a_2+\cdots\cdots+a_{20})-(a_1+a_2+\cdots\cdots+a_{10})$$
$$=S_{20}-S_{10}$$

同様にして，第 21 項から第 30 項までの和は，$S_{30}-S_{20}$ となる。

解答 この等差数列の初項を a，公差を d，初項から第 n 項までの和を S_n とする。

$S_{10}=100$ であるから，

$$\frac{1}{2}\cdot10\cdot\{2a+(10-1)d\}=100$$

したがって，　$2a+9d=20$　……①

第 11 項から第 20 項までの和が 200 であるから，

$$S_{20}-S_{10}=200$$

すなわち，$S_{20}=S_{10}+200=100+200=300$ より，

$$\frac{1}{2}\cdot20\cdot\{2a+(20-1)d\}=300$$

したがって，　$2a+19d=30$　……②

①，②を連立方程式として解くと，

$$d=1,\ a=\frac{11}{2}$$

このとき，

$$S_{30}=\frac{1}{2}\cdot30\cdot\left\{2\cdot\frac{11}{2}+(30-1)\cdot1\right\}=600$$

であるから，求める和は，

$$S_{30}-S_{20}=600-300=\mathbf{300}$$

2 教科書 p.42

等比数列をなす3つの数の和が19，積が216であるという。この3つの実数を求めよ。

ガイド 積が216であるから，3つの数とも0でなく，次のことが成り立つ。

$a,\ b,\ c$ がこの順に等比数列 $\Longleftrightarrow b^2=ac$

これと和，積についての条件を表す式を連立させて，3つの実数を求める。

解答 3つの数を順に $a,\ b,\ c$ とする。

等比数列であるから，　$b^2=ac$　……①

和が19であるから，　$a+b+c=19$　……②

積が216であるから，　$abc=216$　……③

①と③より，　$b^3=216$　　$(b-6)(b^2+6b+36)=0$

b は実数であり，$b^2+6b+36=(b+3)^2+27>0$ より，

$b=6$

したがって，②より，　$a+c=13$　　$c=13-a$　……④

③より，　$ac=36$

④を代入して，　$a(13-a)=36$

これを解いて，　$a=4,\ 9$

④から，　$a=4$ のとき $c=9$

$a=9$ のとき $c=4$

よって，求める3つの実数は，　**4，6，9**

参考 本問の等比数列は，次のような数列である。

$$4,\ 6,\ 9\ \left(公比\ \frac{3}{2}\right)\quad または\quad 9,\ 6,\ 4\ \left(公比\ \frac{2}{3}\right)$$

3 教科書 p.42

等比数列 $\{a_n\}$ が，

$$a_1+a_2+a_3+\cdots\cdots+a_{10}=3069,\ a_1+a_3+a_5+a_7+a_9=1023$$

を満たすとき，この数列の一般項を求めよ。

ガイド 初項を a，公比を r とする。まず，$r=\pm1$ として，2式を同時に満たす a の値が存在するかどうかを検討する。次に，$r\neq\pm1$ のとき，等比数列の和の公式を用いて，2式を $a,\ r$ を用いて表す。やや複雑な式が出てくるが，式の形をよく観察して，一方の式を他方の式に丸ごと代入できないかどうかを考える。

解答 $a_1+a_2+a_3+\cdots\cdots+a_{10}=3069$ ……①

$a_1+a_3+a_5+a_7+a_9=1023$ ……②

等比数列 $\{a_n\}$ の初項を a，公比を r とする。

(I) $r=1$ のとき

$a_1=a_2=\cdots\cdots=a_{10}=a$ なので，

①より，　$10a=3069$　$a=\dfrac{3069}{10}$

②より，　$5a=1023$　$a=\dfrac{1023}{5}$

よって，①，②を同時に満たす a は存在しない。

(II) $r=-1$ のとき

$a_{2k-1}=a$，$a_{2k}=-a$（k は自然数）なので，①の左辺は 0 となるから，問題に適さない。

(III) $r\neq\pm1$ のとき

①の左辺は初項 a，公比 r の等比数列の第 10 項までの和なので，

$$a\cdot\frac{1-r^{10}}{1-r}=3069 \quad \cdots\cdots③$$

②の左辺は初項 a，公比 r^2 の等比数列の第 5 項までの和なので，

$$a\cdot\frac{1-(r^2)^5}{1-r^2}=1023$$

すなわち，　$a\cdot\dfrac{1-r^{10}}{1-r}\cdot\dfrac{1}{1+r}=1023$ ……④

③を④に代入して，　$3069\cdot\dfrac{1}{1+r}=1023$

$\dfrac{1}{1+r}=\dfrac{1}{3}$　$1+r=3$　$r=2$

これを③に代入して，　$a\cdot\dfrac{1-2^{10}}{1-2}=3069$

$1023a=3069$　$a=3$

よって，一般項 a_n は，　$\boldsymbol{a_n=3\cdot2^{n-1}}$

4 教科書 p.42

次の和を求めよ。

(1) $\sum_{k=1}^{n} 5\cdot 2^k$　　(2) $\sum_{k=1}^{n} k^2(k-1)$

(3) $1\cdot n+2\cdot(n-1)+3\cdot(n-2)+\cdots\cdots+(n-1)\cdot 2+n\cdot 1$

ガイド (1) $5\sum_{k=1}^{n} 2^k$ と変形できる。$\sum_{k=1}^{n} 2^k$ は，初項 2，公比 2 の等比数列の和である。

(2) k の式が和や差の形の場合の $\sum$ は，1 項ずつの $\sum$ に分解する。

(3) 数列の第 k 項がどんな式で表されるかを考える。この場合，n は定数とみなして考える。

解答 (1) $\sum_{k=1}^{n} 5\cdot 2^k=5\sum_{k=1}^{n} 2^k$

$$=5\cdot\frac{2(2^n-1)}{2-1}$$

$$=\mathbf{10\cdot(2^n-1)}$$

(2) $\sum_{k=1}^{n} k^2(k-1)=\sum_{k=1}^{n} k^3-\sum_{k=1}^{n} k^2$

$$=\left\{\frac{1}{2}n(n+1)\right\}^2-\frac{1}{6}n(n+1)(2n+1)$$

$$=\frac{1}{12}n(n+1)\{3n(n+1)-2(2n+1)\}$$

$$=\frac{1}{12}n(n+1)(3n^2-n-2)$$

$$=\boldsymbol{\frac{1}{12}n(n+1)(n-1)(3n+2)}$$

(3) $1\cdot n$，$2\cdot(n-1)$，$3\cdot(n-2)$，……，$(n-1)\cdot 2$，$n\cdot 1$ で定まる数列の第 k 項は $k(n-k+1)$ であるから，求める和は，

$$\sum_{k=1}^{n} k(n-k+1)$$

$$=\sum_{k=1}^{n}\{-k^2+(n+1)k\}$$

$$=-\sum_{k=1}^{n} k^2+(n+1)\sum_{k=1}^{n} k$$

$$=-\frac{1}{6}n(n+1)(2n+1)+(n+1)\cdot\frac{1}{2}n(n+1)$$

$$=\frac{1}{6}n(n+1)\{-(2n+1)+3(n+1)\}$$

Σの計算では，第 k 項を k の
式で表して計算します。k と
n を混同しないようにしよう。

$$=\frac{1}{6}n(n+1)(n+2)$$

5　教科書 p.42

次の和を求めよ。

(1) $\displaystyle\sum_{k=1}^{n}\frac{1}{k(k+2)}$　(2) $\displaystyle\sum_{k=1}^{n}\frac{1}{\sqrt{3k-1}+\sqrt{3k+2}}$　(3) $\displaystyle\sum_{k=1}^{n}\frac{k}{2^k}$

ガイド　(1)　k の式を分数の差の形に分解する。教科書 p.27 の例題 9 や 問 32 を参考にするとよい。

(2)　k の式を $\sqrt{}$ の式の差の形に表す。教科書 p.27 の 問 33 を参考にするとよい。

(3)　(等差数列)×(等比数列) の形の数列の和 S_n を求めるには，等比数列の公比 r を用いて，S_n-rS_n を計算する。

解答　(1)　$\displaystyle\frac{1}{k(k+2)}=\frac{1}{2}\left(\frac{1}{k}-\frac{1}{k+2}\right)$ が成り立つから，

$$\sum_{k=1}^{n}\frac{1}{k(k+2)}=\frac{1}{2}\sum_{k=1}^{n}\left(\frac{1}{k}-\frac{1}{k+2}\right)$$

$$=\frac{1}{2}\left\{\left(\frac{1}{1}-\frac{1}{3}\right)+\left(\frac{1}{2}-\frac{1}{4}\right)+\left(\frac{1}{3}-\frac{1}{5}\right)+\left(\frac{1}{4}-\frac{1}{6}\right)+\cdots\cdots\right.$$

$$\left.\cdots\cdots+\left(\frac{1}{n-2}-\frac{1}{n}\right)+\left(\frac{1}{n-1}-\frac{1}{n+1}\right)+\left(\frac{1}{n}-\frac{1}{n+2}\right)\right\}$$

$$=\frac{1}{2}\left(1+\frac{1}{2}-\frac{1}{n+1}-\frac{1}{n+2}\right)$$

$$=\frac{1}{2}\cdot\frac{3(n+1)(n+2)-2(n+2)-2(n+1)}{2(n+1)(n+2)}$$

$$=\frac{3n^2+5n}{4(n+1)(n+2)}$$

$$=\boldsymbol{\frac{n(3n+5)}{4(n+1)(n+2)}}$$

(2)　$\displaystyle\frac{1}{\sqrt{3k-1}+\sqrt{3k+2}}=\frac{1}{3}(\sqrt{3k+2}-\sqrt{3k-1})$ が成り立つから，

$$\sum_{k=1}^{n}\frac{1}{\sqrt{3k-1}+\sqrt{3k+2}}=\frac{1}{3}\sum_{k=1}^{n}(\sqrt{3k+2}-\sqrt{3k-1})$$

$$=\frac{1}{3}\{(\sqrt{5}-\sqrt{2})+(\sqrt{8}-\sqrt{5})+\cdots\cdots$$

$$+(\sqrt{3n-1}+\sqrt{3n-4})+(\sqrt{3n+2}-\sqrt{3n-1})\}$$

$$=\boldsymbol{\frac{1}{3}(\sqrt{3n+2}-\sqrt{2})}$$

(3)　$\displaystyle\sum_{k=1}^{n}\frac{k}{2^k}=S_n$　……①　とおくと，

$$S_n=1\cdot\frac{1}{2}+2\cdot\frac{1}{2^2}+3\cdot\frac{1}{2^3}+\cdots\cdots+n\cdot\frac{1}{2^n}\quad\cdots\cdots②$$

②の両辺に $\dfrac{1}{2}$ を掛けると，

$$\frac{1}{2}S_n=1\cdot\frac{1}{2^2}+2\cdot\frac{1}{2^3}+3\cdot\frac{1}{2^4}+\cdots\cdots+(n-1)\cdot\frac{1}{2^n}+n\cdot\frac{1}{2^{n+1}}\quad\cdots\cdots③$$

②−③ より，

$$\frac{1}{2}S_n=\frac{1}{2}+\left(\frac{1}{2}\right)^2+\left(\frac{1}{2}\right)^3+\cdots\cdots+\left(\frac{1}{2}\right)^n-\frac{n}{2^{n+1}}$$

$$=\frac{\frac{1}{2}\left\{1-\left(\frac{1}{2}\right)^n\right\}}{1-\frac{1}{2}}-\frac{n}{2^{n+1}}=1-\frac{1}{2^n}-\frac{n}{2^{n+1}}$$

$$=1-\frac{n+2}{2^{n+1}}\quad\cdots\cdots④$$

①，④より，　$\displaystyle\sum_{k=1}^{n}\frac{k}{2^k}=2\cdot\frac{1}{2}S_n=\boldsymbol{2-\frac{n+2}{2^n}}$

補足　(2)　$\dfrac{1}{\sqrt{3k-1}+\sqrt{3k+2}}$

$$=\frac{\sqrt{3k+2}-\sqrt{3k-1}}{(\sqrt{3k+2}+\sqrt{3k-1})(\sqrt{3k+2}-\sqrt{3k-1})}$$

$$=\frac{\sqrt{3k+2}-\sqrt{3k-1}}{(3k+2)-(3k-1)}=\frac{1}{3}(\sqrt{3k+2}-\sqrt{3k-1})$$

☐ **6**　教科書 p.42

次のように定められる数列 $\{a_n\}$ の一般項を求めよ。

$a_1=2,\ a_{n+1}=a_n+n^3-1\quad(n=1,\ 2,\ 3,\ \cdots\cdots)$

ガイド　n^3-1 が数列 $\{a_n\}$ の階差数列の一般項である。

解答　$b_n=a_{n+1}-a_n$ とおくと，　$b_n=n^3-1$

数列 $\{b_n\}$ は数列 $\{a_n\}$ の階差数列であるから，$n\geqq2$ のとき，

$$a_n=a_1+\sum_{k=1}^{n-1}b_k$$

$$=2+\sum_{k=1}^{n-1}(k^3-1)$$

$$=2+\sum_{k=1}^{n-1}k^3-\sum_{k=1}^{n-1}1$$

$$=2+\left\{\frac{1}{2}n(n-1)\right\}^2-(n-1)$$

$$=\frac{1}{4}(n^4-2n^3+n^2)-n+3$$

$$=\frac{1}{4}(n^4-2n^3+n^2-4n+12)\quad\cdots\cdots①$$

①の右辺は，$n=1$ のとき，$\frac{1}{4}(1^4-2\cdot1^3+1^2-4\cdot1+12)=2$ となり，初項 a_1 と一致する。

以上より，一般項は，　$\boldsymbol{a_n=\frac{1}{4}(n^4-2n^3+n^2-4n+12)}$

7 教科書 p.42

1から5までの数字が1つずつ書かれた5個の玉が入った袋がある。この袋から玉を1個取り出し，書かれた数字を記録してから袋の中に戻す。この試行を n 回繰り返すとき，n 回目までに記録された数の和が偶数である確率を a_n として，次の問いに答えよ。

(1)　a_1 を求め，a_{n+1} を a_n で表せ。　　(2)　a_n を求めよ。

ガイド (1)　n 回目までの和が偶数である確率を a_n とすれば，n 回目までの和が奇数である確率は $1-a_n$ である。n 回目までの和が偶数の場合，奇数の場合のそれぞれについて，$(n+1)$ 回目にどんな数が出れば和が偶数になるかを考えて，確率 a_{n+1} を a_n の式で表す。

(2)　(1)より，$a_{n+1}=pa_n+q$ の形の漸化式が得られる。

$a_{n+1}-\alpha=p(a_n-\alpha)$ の形に変形し，一般項 a_n を求める。

解答 (1)　a_1 は1回目の試行で偶数の玉を取り出す確率であり，　$\boldsymbol{a_1=\frac{2}{5}}$

$(n+1)$ 回目までの和が偶数となる事象は，次の2つの事象の和事象である。

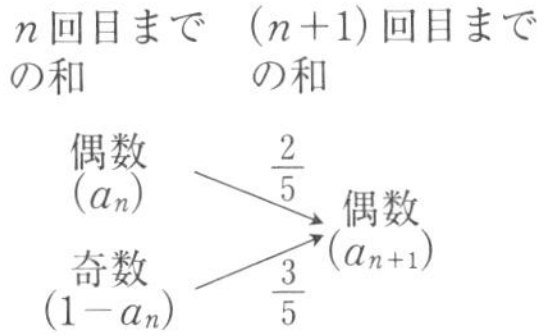

(i)　n 回目までの和が偶数で，

$(n+1)$ 回目に偶数を取り出す。

(ii)　n 回目までの和が奇数で，

$(n+1)$ 回目に奇数を取り出す。

これらの事象は互いに排反であるから，

$a_{n+1}=\frac{2}{5}a_n+\frac{3}{5}(1-a_n)$ より， $\boldsymbol{a_{n+1}=-\frac{1}{5}a_n+\frac{3}{5}}$

(2) $a_{n+1}=-\frac{1}{5}a_n+\frac{3}{5}$ より，

$$a_{n+1}-\frac{1}{2}=-\frac{1}{5}\left(a_n-\frac{1}{2}\right)$$

数列 $\left\{a_n-\frac{1}{2}\right\}$ は，初項 $a_1-\frac{1}{2}=\frac{2}{5}-\frac{1}{2}=-\frac{1}{10}$，公比 $-\frac{1}{5}$ の等比数列であるから，

$$a_n-\frac{1}{2}=-\frac{1}{10}\cdot\left(-\frac{1}{5}\right)^{n-1}$$

よって， $\boldsymbol{a_n=-\frac{1}{10}\cdot\left(-\frac{1}{5}\right)^{n-1}+\frac{1}{2}}$

B

8 教科書 p.43

次の和 S_n を求めよ。

$$S_n=\frac{1}{1\cdot2\cdot3}+\frac{1}{2\cdot3\cdot4}+\frac{1}{3\cdot4\cdot5}+\cdots\cdots+\frac{1}{n(n+1)(n+2)}$$

ガイド 等式 $\frac{1}{k(k+1)(k+2)}=\frac{1}{2}\left\{\frac{1}{k(k+1)}-\frac{1}{(k+1)(k+2)}\right\}$ を用いて，分数の差の形に分解する。

解答

$$S_n=\sum_{k=1}^{n}\frac{1}{k(k+1)(k+2)}$$

$$\frac{1}{k(k+1)(k+2)}=\frac{1}{2}\left\{\frac{1}{k(k+1)}-\frac{1}{(k+1)(k+2)}\right\}$$

を用いれば，

$$S_n=\frac{1}{2}\sum_{k=1}^{n}\left\{\frac{1}{k(k+1)}-\frac{1}{(k+1)(k+2)}\right\}$$

$$=\frac{1}{2}\left[\left(\frac{1}{1\cdot2}-\frac{1}{2\cdot3}\right)+\left(\frac{1}{2\cdot3}-\frac{1}{3\cdot4}\right)+\cdots\cdots\right.$$

$$\left.+\left\{\frac{1}{(n-1)n}-\frac{1}{n(n+1)}\right\}+\left\{\frac{1}{n(n+1)}-\frac{1}{(n+1)(n+2)}\right\}\right]$$

$$=\frac{1}{2}\left\{\frac{1}{1\cdot2}-\frac{1}{(n+1)(n+2)}\right\}$$

$$=\frac{1}{2}\cdot\frac{(n+1)(n+2)-2}{2(n+1)(n+2)}=\boldsymbol{\frac{n(n+3)}{4(n+1)(n+2)}}$$

9 教科書 p.43

分母が2の累乗，分子が奇数であって，0より大きく1より小さい分数を次のように並べた数列を考える。

$$\frac{1}{2},\ \frac{1}{4},\ \frac{3}{4},\ \frac{1}{8},\ \frac{3}{8},\ \frac{5}{8},\ \frac{7}{8},\ \frac{1}{16},\ \frac{3}{16},\ \frac{5}{16},\ \frac{7}{16},\ \frac{9}{16},\ \frac{11}{16},\ \frac{13}{16},\ \frac{15}{16},\ \frac{1}{32},\ \cdots\cdots$$

(1) $\dfrac{1}{2^8}$ は第何項か。

(2) 第255項を求めよ。また，初項から第255項までの和を求めよ。

ガイド 分母が2となる分数が1個，分母が4となる分数が2個，

分母が8となる分数が4個，分母が16となる分数が8個，……，分母が 2^n となる分数が 2^{n-1} 個並ぶ。

また，分母が同じ分数の分子は，1から順に奇数が並んでいる。

解答 この数列は，分母が 2^n となる分数が 2^{n-1} 個並ぶ。

(1) $\dfrac{1}{2^8}$ の前には，$1+2+4+\cdots\cdots+2^6$ (個) の項が並ぶ。

よって，$\dfrac{1}{2^8}$ は，

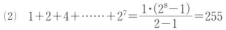

$$(1+2+4+\cdots\cdots+2^6)+1=\frac{1\cdot(2^7-1)}{2-1}+1=128$$

より，**第128項**である。

(2) $1+2+4+\cdots\cdots+2^7=\dfrac{1\cdot(2^8-1)}{2-1}=255$

であるから，第255項は，分母が 2^8 となる分数の最後である。

分母が 2^8 となる分数は 2^7 個並ぶから，第255項の分子は，

$$2\cdot2^7-1=255$$

よって，**第255項は**，　$\dfrac{255}{2^8}=\mathbf{\dfrac{255}{256}}$

分母が 2^k となる分数の和は，初項 $\dfrac{1}{2^k}$，末項

$\dfrac{2\cdot2^{k-1}-1}{2^k}=\dfrac{2^k-1}{2^k}$，項数 2^{k-1} の等差数列の和なので，

$$\frac{1}{2}\cdot2^{k-1}\left(\frac{1}{2^k}+\frac{2^k-1}{2^k}\right)=2^{k-2}\cdot\frac{2^k}{2^k}=2^{k-2}$$

に着目すると，求める**和は**，

$$\sum_{k=1}^{8} 2^{k-2} = \frac{\frac{1}{2}(2^8-1)}{2-1}$$
$$= \frac{255}{2}$$

求める和は，
初項 $\frac{1}{2}$，公比 2，
項数 8 の等比数列
の和だね。

10 教科書 p.43

100 本の丸太を，右の図のように，上の段になるにつれて 1 本ずつ少なくなるように積み上げていく。ただし，最上段はこの限りではないとする。最下段の丸太の本数が最小となるように積み上げたときの最下段の丸太の本数を求めよ。また，そのときの最上段の本数を求めよ。

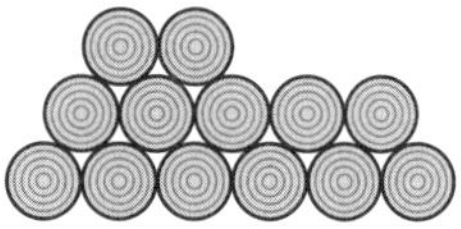

ガイド 最下段の丸太を n 本とするとき，丸太を最上段が 1 本になるように完全な形で積み上げたときの全体の本数は，

$n+(n-1)+\cdots\cdots+2+1=\dfrac{n(n+1)}{2}$ (本) であるが，もし，100 本より少ない本数で完全な形に積み上げてしまうと丸太が余ってしまう。

よって，$\dfrac{n(n+1)}{2} \geqq 100$ が必要であり，これを満たす最小の自然数 n を求める。

解答 最下段の丸太が n 本のとき，丸太は最大で，

$n+(n-1)+\cdots\cdots+2+1=\dfrac{n(n+1)}{2}$ (本) 積み上げられる。

丸太はすべて使い切るので，$\dfrac{n(n+1)}{2} \geqq 100$ であり，これを満たす最小の自然数 n は，$n=14$

$n=14$ のとき，最大で，$\dfrac{14\cdot(14+1)}{2}=105$ (本) 積み上げられるので，5 本分スペースが余る。

このとき，最上段は右の図のようになる。

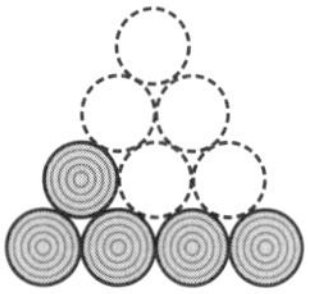

よって，**最下段 14 本，最上段 1 本**

□ **11** 教科書 p.43

$a_1=3$, $a_{n+1}=3a_n+2n+3$ $(n=1, 2, 3, \cdots\cdots)$ で定められる数列 $\{a_n\}$ について，次の問いに答えよ。

(1) $b_n=a_{n+1}-a_n$ とおくとき，b_{n+1} と b_n の関係式を求めよ。

(2) a_n を求めよ。

ガイド (1) 与えられた漸化式から a_{n+2} と a_{n+1} の関係式を求め，もとの漸化式との差を考える。

(2) (1)より，$b_{n+1}=pb_n+q$ の形の漸化式が得られる。

$b_{n+1}-\alpha=p(b_n-\alpha)$ の形に変形し，数列 $\{b_n\}$ の一般項を求め，続いて，一般項 a_n を求める。

解答 (1) 与えられた漸化式

$$a_{n+1}=3a_n+2n+3$$

より，

$$a_{n+2}=3a_{n+1}+2(n+1)+3$$

2つの式の差をとると，

$$a_{n+2}-a_{n+1}=3(a_{n+1}-a_n)+2$$

よって，　$\boldsymbol{b_{n+1}=3b_n+2}$

(2) $b_{n+1}=3b_n+2$ を変形すると，

$$b_{n+1}+1=3(b_n+1)$$

また，

$$a_2=3a_1+2\cdot1+3=3\cdot3+2+3=14$$

$$b_1=a_2-a_1=14-3=11$$

したがって，数列 $\{b_n+1\}$ は，初項 $b_1+1=11+1=12$，公比3の等比数列となり，　$b_n+1=12\cdot3^{n-1}=4\cdot3^n$

よって，　$b_n=4\cdot3^n-1$

これより，$n\geqq2$ のとき，

$$\begin{aligned}a_n&=a_1+\sum_{k=1}^{n-1}b_k\\&=3+\sum_{k=1}^{n-1}(4\cdot3^k-1)\\&=3+4\sum_{k=1}^{n-1}3^k-\sum_{k=1}^{n-1}1\\&=3+4\cdot\frac{3(3^{n-1}-1)}{3-1}-(n-1)\\&=3+6(3^{n-1}-1)-n+1\\&=2\cdot3^n-n-2 \quad \cdots\cdots①\end{aligned}$$

①の右辺は，$n=1$ のとき，$2\cdot3-1-2=3$ となり，初項 a_1 と一

致する。

以上より，一般項は，　$a_n=2\cdot3^n-n-2$

□ **12**

教科書 p.43

自然数 n に対して，次の不等式を証明せよ。

(1) $n!\geqq2^{n-1}$

(2) $1+\dfrac{1}{2}+\dfrac{1}{3}+\cdots\cdots+\dfrac{1}{n}\geqq\dfrac{2n}{n+1}$

ガイド すべての自然数について成り立つことを証明するには，数学的帰納法を利用する。

(1) $(k+1)!=(k+1)\cdot k!$ と変形できることに着目する。

解答 (1) 与えられた不等式を①とおく。

(I) $n=1$ のとき，

①の左辺$=1!=1$

①の右辺$=2^{1-1}=1$

よって，①は成り立つ。

(II) $n=k$ のとき①が成り立つと仮定する。すなわち，

$$k!\geqq2^{k-1}\quad\cdots\cdots②$$

$n=k+1$ のときの①の両辺の差を，②を用いて変形すると，

$$\begin{aligned}&(k+1)!-2^k\\&=(k+1)\cdot k!-2^k\\&\geqq(k+1)\cdot2^{k-1}-2\cdot2^{k-1}\\&=2^{k-1}(k-1)\geqq0\end{aligned}$$

したがって，　$(k+1)!\geqq2^{(k+1)-1}$

よって，$n=k+1$ のときも①が成り立つ。

(I)，(II)より，すべての自然数 n について①は成り立つ。

(2) $1+\dfrac{1}{2}+\dfrac{1}{3}+\cdots\cdots+\dfrac{1}{n}\geqq\dfrac{2n}{n+1}$　……①　とおく。

(I) $n=1$ のとき，

①の左辺$=1$

①の右辺$=\dfrac{2\cdot1}{1+1}=1$

よって，①は成り立つ。

(II) $n=k$ のとき①が成り立つと仮定する。すなわち，

$$1+\frac{1}{2}+\frac{1}{3}+\cdots\cdots+\frac{1}{k}\geqq\frac{2k}{k+1}\quad\cdots\cdots②$$

$n=k+1$ のときの①の両辺の差を，②を用いて変形すると，

$$\underset{\sim\sim\sim\sim\sim\sim\sim\sim\sim\sim\sim\sim}{1+\frac{1}{2}+\frac{1}{3}+\cdots\cdots+\frac{1}{k}}+\frac{1}{k+1}-\frac{2(k+1)}{(k+1)+1}$$

$$\geqq\underset{\sim\sim\sim}{\frac{2k}{k+1}}+\frac{1}{k+1}-\frac{2(k+1)}{k+2}$$

$$=\frac{(2k+1)(k+2)-2(k+1)^2}{(k+1)(k+2)}$$

$$=\frac{k}{(k+1)(k+2)}>0$$

したがって，

$$1+\frac{1}{2}+\frac{1}{3}+\cdots\cdots+\frac{1}{k}+\frac{1}{k+1}\geqq\frac{2(k+1)}{(k+1)+1}$$

よって，$n=k+1$ のときも①が成り立つ。

(I)，(II)より，すべての自然数 n について①は成り立つ。

第2章 統計的な推測

第1節 確率分布

1 確率変数と確率分布

問 1 教科書47ページの例題1において，確率 $P(X \leqq 4)$，$P(X \geqq 10)$ をそれぞれ求めよ。

教科書 p.47

ガイド 試行の結果ごとに値が定まり，その値に対応して確率が定まる変数を**確率変数**といい，とくに，硬貨の表が出る枚数のように，とびとびの値をとる確率変数 X を**離散型確率変数**という。また，試行の結果として実際に定まった値を確率変数 X の**実現値**という。確率変数 X の実現値を，単に確率変数 X の値ということもある。右上の表のように，確率変数 X のとり得る値とその確率 P との対応関係を X の**確率分布**という。教科書 p.47 の例題1の表（下の表）は確率分布であり，これをもとに，$P(X \leqq 4)$，$P(X \geqq 10)$ を求める。$P(X \leqq 4)$ は X が4以下の値をとる確率，$P(X \geqq 10)$ は X が10以上の値をとる確率を表す。

X	x_1	x_2	……	x_n	計
P	p_1	p_2	……	p_n	1

X	2	3	4	5	6	7	8	9	10	11	12	計
P	$\frac{1}{36}$	$\frac{2}{36}$	$\frac{3}{36}$	$\frac{4}{36}$	$\frac{5}{36}$	$\frac{6}{36}$	$\frac{5}{36}$	$\frac{4}{36}$	$\frac{3}{36}$	$\frac{2}{36}$	$\frac{1}{36}$	1

解答 $X \leqq 4$ となる X の値は，2，3，4であるから，

$$P(X \leqq 4)=\frac{1}{36}+\frac{2}{36}+\frac{3}{36}=\frac{6}{36}=\boldsymbol{\frac{1}{6}}$$

$X \geqq 10$ となる X の値は，10，11，12であるから，

$$P(X \geqq 10)=\frac{3}{36}+\frac{2}{36}+\frac{1}{36}=\frac{6}{36}=\boldsymbol{\frac{1}{6}}$$

問 2　赤玉3個と白玉2個が入っている袋から2個の玉を同時に取り出すとき，出る赤玉の個数Xの確率分布を求めよ。

教科書 p.47

ガイド　X(赤玉の個数)のとり得る値は0，1，2である。それぞれの値に対応する確率を求めて表を作ればよい。

解答　Xのとり得る値は0，1，2である。それぞれに対応する確率は，

$$P(X=0)=\frac{{}_2C_2}{{}_5C_2}=\frac{1}{10}$$

$$P(X=1)=\frac{{}_3C_1\times{}_2C_1}{{}_5C_2}=\frac{6}{10}$$

$$P(X=2)=\frac{{}_3C_2}{{}_5C_2}=\frac{3}{10}$$

X	0	1	2	計
P	$\frac{1}{10}$	$\frac{6}{10}$	$\frac{3}{10}$	1

よって，Xの確率分布は，右の表のようになる。

2　確率変数の期待値

問 3　1，3，5の数が書かれた玉が，それぞれ2個，4個，10個入った袋がある。袋から玉を1個取り出すとき，玉の数字の期待値を求めよ。

教科書 p.48

ガイド　確率変数Xの確率分布が，次の表のように与えられているとする。

X	x_1	x_2	……	x_n	計
P	p_1	p_2	……	p_n	1

このとき，$\boldsymbol{x_1p_1+x_2p_2+\cdots\cdots+x_np_n}$ を，確率変数Xの**期待値**または**平均**といい，$\boldsymbol{E(X)}$で表す。

ここがポイント ［確率変数の期待値］

$$\boldsymbol{E(X)=x_1p_1+x_2p_2+\cdots\cdots+x_np_n=\sum_{k=1}^{n}x_kp_k}$$

玉の数字をXとすると，Xのとり得る値は1，3，5である。確率分布を求めて，表の上下の値の積の総和を計算する。

解答　玉の数字をXとすると，Xの確率分布は，右の表のようになる。

X	1	3	5	計
P	$\frac{2}{16}$	$\frac{4}{16}$	$\frac{10}{16}$	1

よって，期待値$E(X)$は，

$$E(X)=1\times\frac{2}{16}+3\times\frac{4}{16}+5\times\frac{10}{16}=4$$

問 4 赤玉3個と白玉2個が入っている袋から2個の玉を同時に取り出し，取り出した赤玉1個につき50円もらえるゲームがある。40円払ってこのゲームに参加するときの利益の期待値を求めよ。

教科書 p.49

ガイド

ここがポイント [1次式の期待値]
a，b が定数で，$\boldsymbol{Y=aX+b}$ のとき，$\boldsymbol{E(Y)=aE(X)+b}$

赤玉がX個出たときの利益をY円とすると，$Y=50X-40$
Xの確率分布は，教科書 p.47 の問2を参考にするとよい。

解答 取り出した赤玉の個数を X，利益を Y円とすると，

$$Y=50X-40$$

教科書 p.47 の問2より，Xの確率分布は，右の表のようになる。

X	0	1	2	計
P	$\frac{1}{10}$	$\frac{6}{10}$	$\frac{3}{10}$	1

したがって，Xの期待値 $E(X)$ は，

$$E(X)=0\times\frac{1}{10}+1\times\frac{6}{10}+2\times\frac{3}{10}=\frac{6}{5}$$

よって，利益の期待値は，

$$E(Y)=E(50X-40)=50E(X)-40$$
$$=50\times\frac{6}{5}-40=\mathbf{20}\ \textbf{(円)}$$

3 確率変数の分散・標準偏差

問 5 2枚の硬貨を同時に投げるとき，表の出る枚数 X の分散と標準偏差を求めよ。

教科書 p.51

ガイド 右の表のような確率分布をもつ確率変数Xの期待値を m とする。
このとき，Xと m の偏差の平方 $(X-m)^2$ の期待値

X	x_1	x_2	……	x_n	計
P	p_1	p_2	……	p_n	1

$$\boldsymbol{E((X-m)^2)=(x_1-m)^2p_1+(x_2-m)^2p_2+\cdots\cdots+(x_n-m)^2p_n}$$

をXの**分散**といい，$\boldsymbol{V(X)}$ で表す。$V(X)$ の正の平方根
$\boldsymbol{\sqrt{V(X)}=\sqrt{E((X-m)^2)}}$ をXの**標準偏差**といい，$\boldsymbol{\sigma(X)}$ で表す。

ここがポイント **[確率変数の分散と標準偏差]**

$$\boldsymbol{V(X)=E((X-m)^2)} \qquad \boldsymbol{\sigma(X)=\sqrt{V(X)}}$$

まず，Xの確率分布の表を作り，期待値 $m=E(X)$ を求め，$(X-m)^2$ の期待値 $V(X)$，その正の平方根 $\sigma(X)$ を求める。

解答 Xの確率分布は，右の表のようになる。

X	0	1	2	計
P	$\frac{1}{4}$	$\frac{2}{4}$	$\frac{1}{4}$	1

したがって，Xの期待値は，

$$m=E(X)$$
$$=0\times\frac{1}{4}+1\times\frac{2}{4}+2\times\frac{1}{4}=1$$

Xの**分散は**，

$$V(X)=(0-1)^2\times\frac{1}{4}+(1-1)^2\times\frac{2}{4}+(2-1)^2\times\frac{1}{4}=\boldsymbol{\frac{1}{2}}$$

Xの**標準偏差は**，

$$\sigma(X)=\sqrt{\frac{1}{2}}=\boldsymbol{\frac{\sqrt{2}}{2}}\ (\textbf{枚})$$

問 6　問5を，次の公式を用いて求めよ。

教科書 p.51

$$V(X)=E(X^2)-\{E(X)\}^2$$
$$\sigma(X)=\sqrt{E(X^2)-\{E(X)\}^2}$$

ガイド $E(X^2)$ の値は，X^2 の期待値であるから，$x_1{}^2p_1+x_2{}^2p_2+\cdots\cdots+x_n{}^2p_n$ を計算すればよい。

解答 Xの確率分布は右の表のようになる。

X	0	1	2	計
P	$\frac{1}{4}$	$\frac{2}{4}$	$\frac{1}{4}$	1

$$E(X)=0\times\frac{1}{4}+1\times\frac{2}{4}+2\times\frac{1}{4}=1$$

$$E(X^2)=0^2\times\frac{1}{4}+1^2\times\frac{2}{4}+2^2\times\frac{1}{4}=\frac{3}{2}$$

Xの**分散は**，

$$V(X)=E(X^2)-\{E(X)\}^2=\frac{3}{2}-1^2=\boldsymbol{\frac{1}{2}}$$

Xの**標準偏差は**，

$$\sigma(X)=\sqrt{V(X)}=\sqrt{\frac{1}{2}}=\boldsymbol{\frac{\sqrt{2}}{2}}\ (\textbf{枚})$$

問 7　100円硬貨を投げて，表の出た硬貨はもらえるものとする。次の枚数の硬貨を同時に投げるとき，もらえる金額の標準偏差をそれぞれ求めよ。

教科書 p.52

(1)　1枚　　　　(2)　2枚

ガイド

ここがポイント **[$aX+b$ の分散と標準偏差]**

a，b が定数のとき，

$$V(aX+b)=a^2V(X) \qquad \sigma(aX+b)=|a|\sigma(X)$$

表の出た枚数を X とする。

まず，確率変数 X について，確率分布，期待値 $E(X)$，分散 $V(X)$，標準偏差 $\sigma(X)$ の順に求める。

ここで，もらえる金額は $100X$ 円なので，その標準偏差は，$\sigma(100X)=100\sigma(X)$ となる。

解答　表の出た枚数を X とすると，もらえる金額は $100X$ 円である。

(1)　X の確率分布は，右の表のようになる。

X	0	1	計
P	$\frac{1}{2}$	$\frac{1}{2}$	1

$$E(X)=0\times\frac{1}{2}+1\times\frac{1}{2}=\frac{1}{2}$$

$$V(X)=\left(0-\frac{1}{2}\right)^2\times\frac{1}{2}+\left(1-\frac{1}{2}\right)^2\times\frac{1}{2}=\frac{1}{4}$$

$$\sigma(X)=\sqrt{\frac{1}{4}}=\frac{1}{2}$$

よって，もらえる金額の標準偏差は，

$$\sigma(100X)=100\sigma(X)=100\times\frac{1}{2}=\mathbf{50}\ \textbf{(円)}$$

(2)　X の確率分布は，右の表のようになる。

X	0	1	2	計
P	$\frac{1}{4}$	$\frac{2}{4}$	$\frac{1}{4}$	1

$$E(X)=0\times\frac{1}{4}+1\times\frac{2}{4}+2\times\frac{1}{4}=1$$

$$V(X)=(0-1)^2\times\frac{1}{4}+(1-1)^2\times\frac{2}{4}+(2-1)^2\times\frac{1}{4}=\frac{1}{2}$$

$$\sigma(X)=\sqrt{\frac{1}{2}}=\frac{\sqrt{2}}{2}$$

よって，もらえる金額の標準偏差は，

$$\sigma(100X)=100\sigma(X)=100\times\frac{\sqrt{2}}{2}=\mathbf{50\sqrt{2}}\ \textbf{(円)}$$

4 確率変数の和と期待値

問 8　1個のさいころを2回投げるとき，出る目の和の期待値を求めよ。

教科書 p.55

ガイド

ここがポイント **[確率変数の和の期待値]**

$$E(X+Y)=E(X)+E(Y)$$

本問では，教科書 p.48 の例1の結果を利用するとよい。

解答　1回目に出る目の数を X，2回目に出る目の数を Y とすると，教科書 p.48 の例1より，

$$E(X)=E(Y)=\frac{7}{2}$$

よって，出る目の和の期待値は，

$$E(X+Y)=E(X)+E(Y)$$
$$=\frac{7}{2}+\frac{7}{2}=\mathbf{7}$$

問 9　500円硬貨1枚，100円硬貨1枚，10円硬貨1枚を投げるとき，表が出た硬貨の金額の和の期待値を求めよ。

教科書 p.55

ガイド　確率変数の和の期待値の性質は，確率変数が3つ以上の場合についても成り立つ。たとえば，3つの確率変数 X，Y，Z に対して，

$$E(X+Y+Z)=E(X)+E(Y)+E(Z)$$

が成り立つ。本問では，これを利用する。

解答　500円硬貨，100硬貨，10円硬貨それぞれについて，表が出た枚数を X，Y，Z とすると，表が出た硬貨の金額の和は，
$500X+100Y+10Z$（円）である。ここで，教科書 p.52 の問7(1)より，
$E(X)=E(Y)=E(Z)=\frac{1}{2}$ であるから，求める期待値は，

$$E(500X+100Y+10Z)=E(500X)+E(100Y)+E(10Z)$$
$$=500E(X)+100E(Y)+10E(Z)$$
$$=500\cdot\frac{1}{2}+100\cdot\frac{1}{2}+10\cdot\frac{1}{2}=\mathbf{305}\ \textbf{(円)}$$

5 独立な事象と独立な確率変数

問 10　教科書57ページの例8において，事象 B と C は独立であるか，従属であるかを答えよ。

教科書 p.57

ガイド　2つの事象 A，B に対して，$\boldsymbol{P(A\cap B)=P(A)P(B)}$ が成り立つとき，事象 A と事象 B は**独立**であるという。また，2つの事象 A，B が独立でないとき，A，B は**従属**であるという。

$P(B\cap C)=P(B)P(C)$ であれば事象 B，C は独立であり，$P(B\cap C)\neq P(B)P(C)$ であれば事象 B，C は従属である。

解答　$B\cap C$ は，6の目が出る事象なので，　$P(B\cap C)=\dfrac{1}{6}$

また，$P(B)=\dfrac{1}{3}$，$P(C)=\dfrac{1}{2}$ より，

$$P(B)P(C)=\frac{1}{3}\times\frac{1}{2}=\frac{1}{6}$$

よって，$P(B\cap C)=P(B)P(C)$ であるから，事象 B と C は**独立**である。

問 11　1個のさいころを投げるとき，偶数の目が出る事象を A，奇数の目が出る事象を B とする。このとき，事象 A と B は独立であるか，従属であるかを答えよ。

教科書 p.57

ガイド　前問と同様にして，$P(A\cap B)=P(A)P(B)$ が成り立つかどうかを調べる。ここで，$A\cap B$ とは具体的にどんな事象であるのかを考える。

解答　$A\cap B$ とは，偶数かつ奇数である目が出る事象であるが，このような事象は起こりえないので，　$P(A\cap B)=0$

また，$P(A)=P(B)=\dfrac{3}{6}=\dfrac{1}{2}$ より，　$P(A)P(B)=\dfrac{1}{2}\times\dfrac{1}{2}=\dfrac{1}{4}$

よって，$P(A\cap B)\neq P(A)P(B)$ であるから，事象 A と B は**従属**である。

問 12　2個のさいころを投げるとき，出る目の積の期待値を求めよ。

教科書 **p.58**

ガイド　2つの確率変数 X，Y について，X が a，Y が b の値をとる確率を $P(X=a,\ Y=b)$ と表す。2つの離散型確率変数 X，Y に対し，それらがとり得る任意の値 x，y について，次の等式が成り立つとき，X，Y は**独立**であるという。

$$P(X=x,\ Y=y)=P(X=x)P(Y=y)$$

独立な確率変数の積の期待値について，次が成り立つ。

ここがポイント　**[独立な確率変数の積の期待値]**
X，Y が独立であるとき，　$E(XY)=E(X)E(Y)$

2個のさいころの出る目は，互いに他方の目に影響を与えないから，明らかに独立である。

解答　2個のさいころを投げるとき，出る目をそれぞれ X，Y とする。
教科書 p.48 の例1より，

$$E(X)=E(Y)=\frac{7}{2}$$

X，Y は独立であるから，出る目の積の期待値は，

$$E(XY)=E(X)E(Y)$$
$$=\frac{7}{2}\times\frac{7}{2}=\mathbf{\frac{49}{4}}$$

問 13　3個のさいころを投げるとき，出る目の積の期待値を求めよ。

教科書 **p.59**

ガイド　3つ以上の独立な確率変数の積の期待値についても，前問の **ここがポイント** と同様の性質が成り立つ。たとえば，3つの確率変数 X，Y，Z **が独立であるとき**，

$$\boldsymbol{E(XYZ)=E(X)E(Y)E(Z)}$$

である。これを用いて前問と同様に処理すればよい。

解答　3個のさいころを投げるとき，出る目をそれぞれ X，Y，Z とする。
教科書 p.48 の例1より，

$$E(X)=E(Y)=E(Z)=\frac{7}{2}$$

第2章　統計的な推測

X, Y, Z は独立であるから，出る目の積の期待値は，

$$E(XYZ)=E(X)E(Y)E(Z)$$
$$=\frac{7}{2}\times\frac{7}{2}\times\frac{7}{2}=\mathbf{\frac{343}{8}}$$

問 14　3個のさいころを投げるとき，出る目の和の分散を求めよ。

教科書 p.59

ガイド

ここがポイント **[独立な確率変数の和の分散]**

X, Y が独立であるとき，　$V(X+Y)=V(X)+V(Y)$

和の分散については，3つ以上の独立な確率変数についても上と同様のことがいえる。たとえば，3つの確率変数 X, Y, Z が独立のとき，

$$V(X+Y+Z)=V(X)+V(Y)+V(Z)$$

解答　3個のさいころの出る目を，それぞれ X, Y, Z とする。

教科書 p.50 の例3より，

$$V(X)=V(Y)=V(Z)=\frac{35}{12}$$

X, Y, Z は独立であるから，出る目の和の分散は，

分散の和の公式は覚えやすいけど，「確率変数が独立」という制限に注意が必要だね。

$$V(X+Y+Z)=V(X)+V(Y)+V(Z)$$
$$=\frac{35}{12}+\frac{35}{12}+\frac{35}{12}=\mathbf{\frac{35}{4}}$$

6 二項分布

問 15 教科書 p.61

1個のさいころを4回投げるとき，3の倍数の目が出る回数をXとすると，Xはどのような確率分布に従うか。また，次の確率を求めよ。

(1)　$P(X=3)$　　(2)　$P(2\leqq X\leqq 4)$

ガイド　1回の試行で事象Aの起こる確率をp，起こらない確率を $q=1-p$ とする。n回の試行が独立のとき，事象Aの起こる回数をXとすると，$X=r$ となる確率は，反復試行の確率により，

$$P(X=r)={}_n\mathrm{C}_r p^r q^{n-r}\quad (p+q=1,\ r=0,\ 1,\ \cdots\cdots,\ n)$$

このとき，確率変数Xの確率分布は，次の表のようになる。

X	0	1	……	r	……	n	計
P	${}_n\mathrm{C}_0 q^n$	${}_n\mathrm{C}_1 pq^{n-1}$	……	${}_n\mathrm{C}_r p^r q^{n-r}$	……	${}_n\mathrm{C}_n p^n$	1

この表で与えられる確率分布を**二項分布**といい，$B(n,\ p)$ で表す。

本問では，nはさいころを投げる回数であり，pは1回の試行で3の倍数の目が出る確率となる。

(2)　余事象を考え，$1-P(0\leqq X\leqq 1)$ を求めるとよい。

解答　試行の回数は4回で，各回の試行は独立であり，1回の試行で3の倍数の目が出る確率は $\frac{1}{3}$ だから，Xは**二項分布** $B\left(4,\ \frac{1}{3}\right)$ に従う。

(1)　$P(X=3)={}_4\mathrm{C}_3\left(\frac{1}{3}\right)^3\left(\frac{2}{3}\right)=\mathbf{\frac{8}{81}}$

└3の倍数の目が3回出る確率

(2)　$2\leqq X\leqq 4$ の余事象は $0\leqq X\leqq 1$ なので，

$$P(2\leqq X\leqq 4)=1-P(0\leqq X\leqq 1)$$
$$=1-\left\{\left(\frac{2}{3}\right)^4+{}_4\mathrm{C}_1\left(\frac{1}{3}\right)\left(\frac{2}{3}\right)^3\right\}$$

└3の倍数の目が0回または1回出る確率

$$=1-\left(\frac{16}{81}+\frac{32}{81}\right)=1-\frac{16}{27}=\mathbf{\frac{11}{27}}$$

参考　二項分布の確率をすべて足し合わせたものは，二項定理の展開式

$$(p+q)^n={}_n\mathrm{C}_0 q^n+{}_n\mathrm{C}_1 pq^{n-1}+\cdots\cdots+{}_n\mathrm{C}_r p^r q^{n-r}+\cdots\cdots+{}_n\mathrm{C}_n p^n$$

の右辺に一致している。

問 16 1個のさいころを6回投げるとき，3の倍数の目が出る回数Xの期待値，分散，標準偏差を求めよ。

教科書 p.62

ガイド

ここがポイント **[二項分布の期待値，分散，標準偏差]**

確率変数Xが$B(n,\ p)$に従うとき，$q=1-p$とすると，

$$\boldsymbol{E(X)=np}$$

$$\boldsymbol{V(X)=npq,\quad \sigma(X)=\sqrt{npq}}$$

解答 Xは二項分布$B\left(6,\ \dfrac{1}{3}\right)$に従うから，

期待値は，$E(X)=6\cdot\dfrac{1}{3}=\boldsymbol{2}$

分散は，$V(X)=6\cdot\dfrac{1}{3}\cdot\dfrac{2}{3}=\boldsymbol{\dfrac{4}{3}}$

標準偏差は，$\sigma(X)=\sqrt{\dfrac{4}{3}}=\boldsymbol{\dfrac{2\sqrt{3}}{3}}$

節末問題　第１節　確率分布

1 教科書 p.62

袋に赤玉７個と白玉３個が入っている。この袋から，玉を１個ずつもとに戻さずに２回続けて取り出すとき，取り出した赤玉の個数を X とする。

(1)　X の確率分布を求めよ。　　(2)　X の期待値と標準偏差を求めよ。

ガイド　(1)　玉を戻さない点に注意する。

解答　(1)　$P(X=0)=\frac{3}{10}\cdot\frac{2}{9}=\frac{6}{90}=\frac{1}{15}$

$P(X=1)=\frac{7}{10}\cdot\frac{3}{9}+\frac{3}{10}\cdot\frac{7}{9}=\frac{42}{90}=\frac{7}{15}$

$P(X=2)=\frac{7}{10}\cdot\frac{6}{9}=\frac{42}{90}=\frac{7}{15}$

よって，X の確率分布は，右の表のようになる。

X	0	1	2	計
P	$\frac{1}{15}$	$\frac{7}{15}$	$\frac{7}{15}$	1

(2)　X の**期待値**は，　$E(X)=0\cdot\frac{1}{15}+1\cdot\frac{7}{15}+2\cdot\frac{7}{15}=\frac{21}{15}=\boldsymbol{\frac{7}{5}}$

また，$E(X^2)=0^2\cdot\frac{1}{15}+1^2\cdot\frac{7}{15}+2^2\cdot\frac{7}{15}=\frac{35}{15}=\frac{7}{3}$ より，X の分散は，

$$V(X)=\frac{7}{3}-\left(\frac{7}{5}\right)^2=\frac{28}{75}$$

よって，X の**標準偏差**は，　$\sigma(X)=\sqrt{\frac{28}{75}}=\boldsymbol{\frac{2\sqrt{21}}{15}}$

テクニック　分散 $V(X)$ や標準偏差 $\sigma(X)$ を求めるとき，定義の式 $V(X)=E((X-m)^2)$ を使うと，計算が複雑になる場合がある。とくに，$E(X)$ の値が分数のときは，$V(X)=E(X^2)-\{E(X)\}^2$ を利用することを考える。

☐ **2** 教科書 p.62

袋に1，2，3の数が書かれたカードが1枚ずつ入っている。この袋からカードを1枚引き，その数を見てから袋に戻すという試行を2回繰り返す。1回目，2回目に出る数をそれぞれ X，Y とするとき，$\dfrac{X+Y}{2}$ の期待値と分散を求めよ。

ガイド これまでに学んだ期待値や分散に関する公式を応用する総合問題である。X と Y が独立であり，同じ確率分布であることをふまえた上で，次の手順で処理すればよい。

(i) $E(X)\,(=E(Y))$ を求める。

(ii) $E(X^2)$ を求め，$V(X)=E(X^2)-\{E(X)\}^2$ を利用して，$V(X)\,(=V(Y))$ を求める。

(iii) $E\left(\dfrac{X+Y}{2}\right)$，$V\left(\dfrac{X+Y}{2}\right)$ を求める。

解答 X の確率分布は右の表のようになり，Y の確率分布もこれと同じになる。よって，

X	1	2	3	計
P	$\frac{1}{3}$	$\frac{1}{3}$	$\frac{1}{3}$	1

$$E(X)=E(Y)=1\cdot\frac{1}{3}+2\cdot\frac{1}{3}+3\cdot\frac{1}{3}=2$$

$$E(X^2)=E(Y^2)=1^2\cdot\frac{1}{3}+2^2\cdot\frac{1}{3}+3^2\cdot\frac{1}{3}=\frac{14}{3}$$

$$V(X)=V(Y)=\frac{14}{3}-2^2=\frac{2}{3}$$

したがって，$\dfrac{X+Y}{2}$ の**期待値**は，

$$E\left(\frac{X+Y}{2}\right)=\frac{1}{2}E(X+Y)=\frac{1}{2}\{E(X)+E(Y)\}$$

$$=\frac{1}{2}(2+2)=\mathbf{2}$$

また，X，Y は独立であるから，$\dfrac{X+Y}{2}$ の**分散**は，

$$V\left(\frac{X+Y}{2}\right)=\left(\frac{1}{2}\right)^2V(X+Y)=\frac{1}{4}\{V(X)+V(Y)\}$$

$$=\frac{1}{4}\left(\frac{2}{3}+\frac{2}{3}\right)=\frac{1}{4}\cdot\frac{4}{3}=\mathbf{\frac{1}{3}}$$

⚠注意 $V\left(\dfrac{X+Y}{2}\right)$ を式変形する際には，X，Y が独立であることに言及するのを忘れないようにする。

□ **3**
教科書 p.62

確率変数Xが二項分布$B\left(100,\ \dfrac{1}{4}\right)$に従うとき，$Y=2X+3$ で定まる確率変数Yの期待値と分散を求めよ。

ガイド 確率変数 X が二項分布 $B(n,\ p)$ に従うとき，

$E(X)=np,\ V(X)=npq$　（ただし，$q=1-p$）

また，$E(aX+b)=aE(X)+b,\ V(aX+b)=a^2V(X)$

解答 確率変数 X は，二項分布 $B\left(100,\ \dfrac{1}{4}\right)$ に従うから，

期待値は，　$E(X)=100\cdot\dfrac{1}{4}=25$

分散は，　$V(X)=100\cdot\dfrac{1}{4}\cdot\dfrac{3}{4}=\dfrac{75}{4}$

よって，Y の**期待値**は，

$E(Y)=E(2X+3)$

$=2E(X)+3=2\cdot25+3=\mathbf{53}$

Y の**分散**は，

$V(Y)=V(2X+3)$

$=2^2V(X)=4\cdot\dfrac{75}{4}=\mathbf{75}$

□ **4**
教科書 p.62

ある工場で生産された製品について，不良品である確率が 0.02 であるという。この製品 500 個のうち，不良品である個数をXとするとき，X の期待値と標準偏差を求めよ。

ガイド X は二項分布に従う。

解答 X は二項分布 $B(500,\ 0.02)$ に従うから，**期待値**は，

$E(X)=500\times0.02=\mathbf{10}$

また，**標準偏差**は，

$\sigma(X)=\sqrt{500\times0.02\times0.98}=\sqrt{9.8}$

$=\sqrt{\dfrac{49}{5}}=\mathbf{\dfrac{7\sqrt{5}}{5}}$

第2章　統計的な推測

第2節 正規分布

1 連続的な確率変数

問 17 教科書 63 ページの例 12 において，点Rが線分 OC 上にある確率を求めよ。

教科書 p.63

ガイド 点Rが線分 OC 上にある確率は，OA との長さの割合に等しいと考えられる。

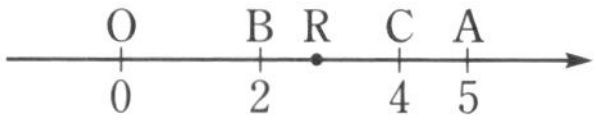

解答 求める確率は，$\dfrac{OC}{OA}=\dfrac{4}{5}$

問 18 $0 \leqq x \leqq 2$ に値をとる確率変数 X の確率密度関数が $f(x)=\dfrac{1}{2}x$ であるとき，$P(1 \leqq X \leqq 2)$ を求めよ。

教科書 p.65

ガイド 一般に，実数 b に対し，$X \leqq b$ となる確率 $P(X \leqq b)$ が b とともに連続的に変化するとき，確率変数 X を**連続型確率変数**という。連続型確率変数 X に対し，ある関数 $f(x)$ が存在し，X が $a \leqq x \leqq b$ の範囲に値をとる確率 $P(a \leqq X \leqq b)$ が右の図のように，曲線 $y=f(x)$，x 軸，直線 $x=a$，$x=b$ で囲まれた図形の面積で表されているとき，関数 $f(x)$ を確率変数 X の**確率密度関数**といい，曲線 $y=f(x)$ を**分布曲線**という。

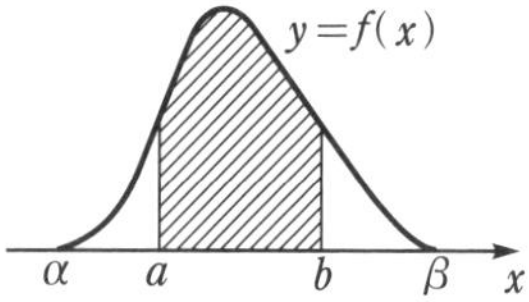

ここがポイント

確率密度関数が $f(x)$ のとき，X が $a \leqq x \leqq b$ の範囲に値をとる確率 $P(a \leqq X \leqq b)$ は，

$$P(a \leqq X \leqq b)=\int_a^b f(x)\,dx$$

本問の確率密度関数は $f(x)=\frac{1}{2}x$ $(0 \leqq x \leqq 2)$，分布曲線は $y=\frac{1}{2}x$ $(0 \leqq x \leqq 2)$ であり，$P(1 \leqq X \leqq 2)$ は右図の斜線部分で表される。

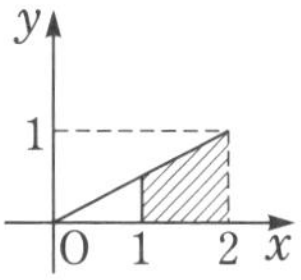

解答 確率変数Xの確率密度関数が $f(x)=\frac{1}{2}x$ $(0 \leqq x \leqq 2)$ だから，

$$P(1 \leqq X \leqq 2)=\int_1^2 \frac{1}{2}x\,dx=\left[\frac{1}{4}x^2\right]_1^2$$
$$=\frac{1}{4}\cdot 2^2-\frac{1}{4}\cdot 1^2=\boldsymbol{\frac{3}{4}}$$

補足 $\alpha \leqq x \leqq \beta$ に値をとる確率変数Xの確率密度関数が $f(x)$ のとき，$\alpha \leqq x \leqq \beta$ において，つねに $f(x) \geqq 0$ であり，
$P(\alpha \leqq X \leqq \beta)=\int_\alpha^\beta f(x)=1$ である。実際，本問においても，$0 \leqq x \leqq 2$ において $f(x) \geqq 0$ であり，
$P(0 \leqq X \leqq 2)=\int_0^2 f(x)\,dx=\int_0^2 \frac{1}{2}x\,dx=\left[\frac{1}{4}x^2\right]_0^2=1$ となっている。

問 19 連続型確率変数Xのとり得る値の範囲が $a \leqq x \leqq b$ で，その確率密度関数が，$f(x)=\frac{1}{b-a}$ であるとき，X の期待値 $E(X)$ と分散 $V(X)$，標準偏差 $\sigma(X)$ を求めよ。

教科書 p.65

ガイド 連続型確率変数Xのとり得る値の範囲が $\alpha \leqq x \leqq \beta$ で，確率密度関数が $f(x)$ のとき，Xの期待値 $m=E(X)$ と分散 $V(X)$ は，次の式で与えられる。

ここがポイント **[確率密度関数と期待値，分散，標準偏差]**

$$E(X)=\int_\alpha^\beta xf(x)\,dx$$

$$V(X)=\int_\alpha^\beta (x-m)^2 f(x)\,dx$$

また，Xの標準偏差 $\sigma(X)$ を，$\sqrt{V(X)}$ で定める。

まず，定義に従い，$m=E(X)=\int_a^b xf(x)\,dx=\dfrac{1}{b-a}\int_a^b x\,dx$ を求め，

これをもとにして，$V(X)=\int_a^b (x-m)^2 f(x)\,dx=\dfrac{1}{b-a}\int_a^b (x-m)^2\,dx$

を計算する。

解答 $\boldsymbol{E(X)}=\int_a^b xf(x)\,dx=\int_a^b x\cdot\dfrac{1}{b-a}\,dx=\dfrac{1}{b-a}\int_a^b x\,dx$

$$=\frac{1}{b-a}\left[\frac{x^2}{2}\right]_a^b=\frac{b^2-a^2}{2(b-a)}$$

$$=\frac{(b+a)(b-a)}{2(b-a)}=\boldsymbol{\frac{a+b}{2}}$$

$$\boldsymbol{V(X)}=\int_a^b \{x-E(X)\}^2 f(x)\,dx=\underset{\sim\sim\sim\sim\sim\sim\sim\sim\sim\sim\sim\sim}{\int_a^b\left(x-\frac{a+b}{2}\right)^2\cdot\frac{1}{b-a}\,dx}$$

$$=\frac{1}{b-a}\int_a^b\left\{x^2-(a+b)x+\frac{(a+b)^2}{4}\right\}dx$$

$$=\frac{1}{b-a}\left[\frac{1}{3}x^3-\frac{a+b}{2}x^2+\frac{(a+b)^2}{4}x\right]_a^b$$

$$=\frac{1}{b-a}\left\{\frac{1}{3}(b^3-a^3)-\frac{a+b}{2}(b^2-a^2)+\frac{(a+b)^2}{4}(b-a)\right\}$$

$$=\frac{1}{b-a}\left\{\frac{1}{3}(b-a)(b^2+ba+a^2)-\frac{a+b}{2}(b+a)(b-a)\right.$$
$$\left.+\frac{(a+b)^2}{4}(b-a)\right\}$$

$$=\frac{1}{12}\{4(a^2+ab+b^2)-6(a+b)^2+3(a+b)^2\}$$

$$=\frac{1}{12}(a^2-2ab+b^2)=\boldsymbol{\frac{1}{12}(b-a)^2}$$

$$\boldsymbol{\sigma(X)}=\sqrt{\frac{1}{12}(b-a)^2}=\frac{1}{2\sqrt{3}}(b-a)=\boldsymbol{\frac{\sqrt{3}}{6}(b-a)}$$

参考 数学Ⅱの発展学習や数学Ⅲで扱われる公式

$$\boldsymbol{\int(x+a)^n\,dx=\frac{1}{n+1}(x+a)^{n+1}+C}\ \ (C\text{は積分定数})$$

を用いれば，〜〜〜 以降の定積分は次のように計算できる。

$$\int_a^b\left(x-\frac{a+b}{2}\right)^2\cdot\frac{1}{b-a}\,dx=\frac{1}{b-a}\left[\frac{1}{3}\left(x-\frac{a+b}{2}\right)^3\right]_a^b$$

$$=\frac{1}{3(b-a)}\left\{\left(b-\frac{a+b}{2}\right)^3-\left(a-\frac{a+b}{2}\right)^3\right\}$$

$$=\frac{1}{3(b-a)}\left\{\left(\frac{b-a}{2}\right)^3-\left(\frac{a-b}{2}\right)^3\right\}$$

$$=\frac{1}{3(b-a)}\left\{\frac{(b-a)^3}{8}+\frac{(b-a)^3}{8}\right\}=\boldsymbol{\frac{1}{12}(b-a)^2}$$

2　正規分布

問 20　確率変数Zが標準正規分布$N(0,\ 1)$に従うとき，正規分布表を用いて次の確率を求めよ。

教科書 p.70

(1)　$P(Z>0.9)$　　(2)　$P(Z\leqq 1.5)$

(3)　$P(-1.56\leqq Z\leqq 0.72)$

ガイド　mを実数とし，$\sigma>0$とする。連続型確率変数Xの確率密度関数が，$f(x)=\frac{1}{\sqrt{2\pi}\sigma}e^{-\frac{(x-m)^2}{2\sigma^2}}$ $(e=2.71828\cdots\cdots)$ であるとき，Xは**正規分布** $\boldsymbol{N(m,\ \sigma^2)}$に従うといい，曲線 $y=f(x)$ を**正規分布曲線**という。

確率変数Xが正規分布$N(m,\ \sigma^2)$に従うとき，$E(X)=m$，$\sigma(X)=\sigma$ であり，このとき，$Z=\frac{X-m}{\sigma}$ とおくと，Zは，平均0，標準偏差1の正規分布$N(0,\ 1)$に従うことが知られている。

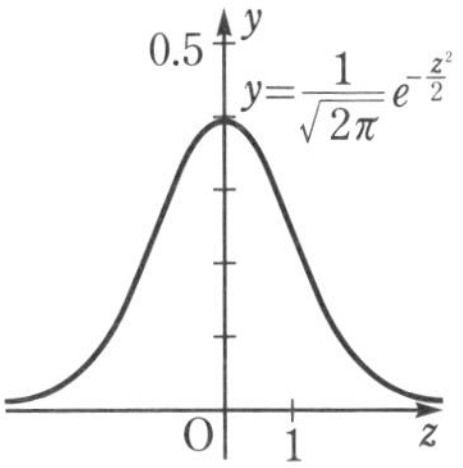

これを**標準正規分布**といい，確率変数Zの確率密度関数は $f(z)=\frac{1}{\sqrt{2\pi}}e^{-\frac{z^2}{2}}$ となる。

確率変数Zが標準正規分布$N(0,\ 1)$に従うとき，確率$P(0\leqq Z\leqq u)$の値を，uのいろいろな値に対して計算して表にまとめたものを**正規分布表**という。本問ではこの表を用いる。

正規分布のような連続型の分布では，任意の実数uに対し，$P(Z=u)=0$ であるから，$P(Z\leqq u)=P(Z<u)$ である。また，分布曲線 $y=f(z)$ のy軸に関する対称性から，$u>0$ のとき，$P(-u\leqq Z\leqq 0)=P(0\leqq Z\leqq u)$ である。

(2)　$P(Z\leqq 1.5)=P(Z\leqq 0)+P(0\leqq Z\leqq 1.5)$
$=0.5+P(0\leqq Z\leqq 1.5)$

(3)　$P(-1.56\leqq Z\leqq 0.72)=P(-1.56\leqq Z\leqq 0)+P(0\leqq Z\leqq 0.72)$
$=P(0\leqq Z\leqq 1.56)+P(0\leqq Z\leqq 0.72)$

解答 (1) $P(Z>0.9)=0.5-P(0\leqq Z\leqq 0.9)$
$=0.5-0.3159=\mathbf{0.1841}$

(2) $P(Z\leqq 1.5)=P(Z\leqq 0)+P(0\leqq Z\leqq 1.5)$
$=0.5+P(0\leqq Z\leqq 1.5)$
$=0.5+0.4332=\mathbf{0.9332}$

(1)
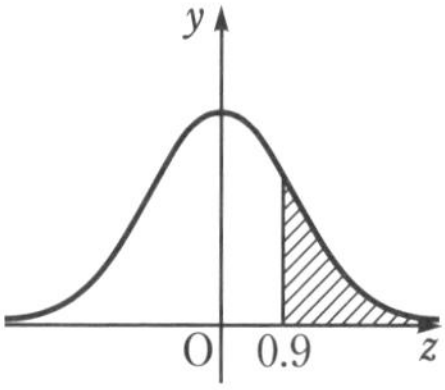

(2)
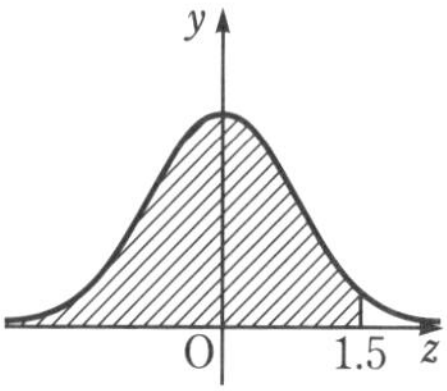

(3) $P(-1.56\leqq Z\leqq 0.72)=P(-1.56\leqq Z\leqq 0)+P(0\leqq Z\leqq 0.72)$
$=P(0\leqq Z\leqq 1.56)+P(0\leqq Z\leqq 0.72)$
$=0.4406+0.2642=\mathbf{0.7048}$

注意 標準正規分布の分布曲線 $y=f(z)\left(=\dfrac{1}{\sqrt{2\pi}}e^{-\frac{z^2}{2}}\right)$ は次の性質をもつ。

1 グラフは，y 軸に関して対称な山型の曲線である。

2 Z の値が $-k\leqq z\leqq k$ の範囲にある確率は，右の図のような斜線部分の面積となり，k が大きくなると１に近づく。

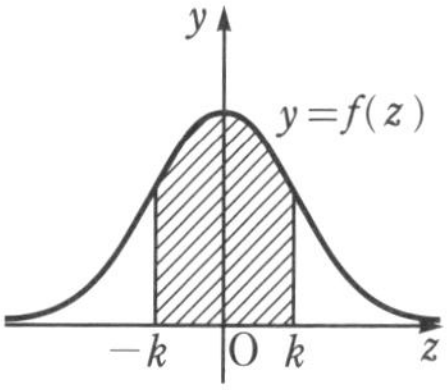

問 21 確率変数 Z が標準正規分布に従うとき，次の u の値を求めよ。

教科書 p.70

(1) $P(Z\geqq u)=0.1$　　(2) $P(|Z|\leqq u)=0.95$

ガイド 条件式から $P(0\leqq Z\leqq u)$ $(u>0)$ の値を求め，正規分布表から適する u の値を探す。

(1) $P(Z\geqq u)=0.1<0.5$ より，$u>0$ であり，
$P(0\leqq Z\leqq u)=0.5-P(Z\geqq u)$

(2) $P(|Z|\leqq u)=P(-u\leqq Z\leqq u)=2P(0\leqq Z\leqq u)$

解答 (1) $P(Z\geqq u)=0.1$ より，
$P(0\leqq Z\leqq u)=0.5-P(Z\geqq u)=0.5-0.1=0.4$
正規分布表より，　$\boldsymbol{u\fallingdotseq 1.28}$

(2) $P(|Z|\leqq u)=2P(0\leqq Z\leqq u)$ であるから，$P(|Z|\leqq u)=0.95$ より，

$$P(0 \leqq Z \leqq u) = 0.475$$

正規分布表より，　$\boldsymbol{u \fallingdotseq 1.96}$

問 22　確率変数 X が正規分布 $N(8,\ 5^2)$ に従うとき，次の確率を求めよ。

教科書 p.70

(1)　$P(X \leqq 0)$　　　(2)　$P(10 \leqq X \leqq 20)$

ガイド　確率変数 X が正規分布 $N(m,\ \sigma^2)$ に従うとき，X がある範囲の値をとる確率は，$Z = \dfrac{X-m}{\sigma}$ が標準正規分布 $N(0,\ 1)$ に従うことから正規分布表を利用して求めることができる。

解答　$Z = \dfrac{X-8}{5}$ とおくと，Z は標準正規分布 $N(0,\ 1)$ に従う。

(1)　$X=0$ のとき，　$Z = \dfrac{0-8}{5} = -1.6$

よって，

$$P(X \leqq 0) = P(Z \leqq -1.6) = P(Z \geqq 1.6)$$
$$= P(Z \geqq 0) - P(0 \leqq Z \leqq 1.6)$$
$$= 0.5 - 0.4452 = \mathbf{0.0548}$$

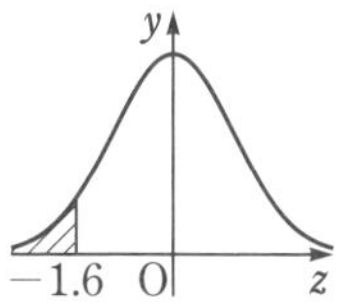

(2)　$X=10$ のとき，　$Z = \dfrac{10-8}{5} = 0.4$

$X=20$ のとき，　$Z = \dfrac{20-8}{5} = 2.4$

よって，

$$P(10 \leqq X \leqq 20) = P(0.4 \leqq Z \leqq 2.4)$$
$$= P(0 \leqq Z \leqq 2.4) - P(0 \leqq Z \leqq 0.4)$$
$$= 0.4918 - 0.1554 = \mathbf{0.3364}$$

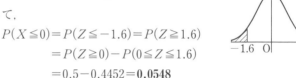

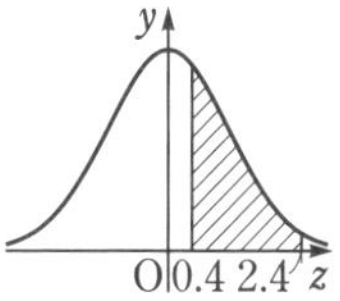

問 23　教科書 70 ページの例題 2 の高校において，身長が 175 cm 以上の生徒は，およそ何%いるか。

教科書 p.70

ガイド　男子の身長を X cm とすると，X は正規分布 $N(170.2,\ 5.6^2)$ に従う。X を標準正規分布に従う確率変数 Z に変換して，正規分布表を使う。

解答 男子の身長を X cm とすると，X は正規分布 $N(170.2,\ 5.6^2)$ に従うから，$Z=\dfrac{X-170.2}{5.6}$ は，標準正規分布 $N(0,\ 1)$ に従う。

$X=175$ のとき，$Z=\dfrac{175-170.2}{5.6}\fallingdotseq 0.86$ であるから，

$$P(X\geqq 175)\fallingdotseq P(Z\geqq 0.86)=0.5-P(0\leqq Z\leqq 0.86)$$
$$=0.5-0.3051=0.1949$$

よって，**およそ 19%**

問 24 1個のさいころを720回投げるとき，1の目が140回以上出る確率を，正規分布表を利用して求めよ。

教科書 p.73

ガイド

ここがポイント [二項分布の正規分布による近似]

確率変数 X が二項分布 $B(n,\ p)$ に従うとき，n が大きければ，$Z=\dfrac{X-np}{\sqrt{npq}}$ $(q=1-p)$ は近似的に標準正規分布 $N(0,\ 1)$ に従う。

上のことを利用するために，まず，二項分布における平均 $m\ (=np)$ と標準偏差 $\sigma\ (=\sqrt{npq})$ を求める。

解答 1の目が出る回数を X とすると，X は二項分布 $B\left(720,\ \dfrac{1}{6}\right)$ に従うから，X の平均 m と標準偏差 σ は，

$$m=720\cdot\frac{1}{6}=120$$

$$\sigma=\sqrt{720\cdot\frac{1}{6}\cdot\frac{5}{6}}=\sqrt{100}=10$$

よって，$Z=\dfrac{X-m}{\sigma}=\dfrac{X-120}{10}$ は近似的に標準正規分布 $N(0,\ 1)$ に従う。

$X=140$ のとき，$Z=\dfrac{140-120}{10}=2$ であるから，求める確率は，

$$P(X\geqq 140)=P(Z\geqq 2)=P(Z\geqq 0)-P(0\leqq Z\leqq 2)$$
$$=0.5-0.4772=\mathbf{0.0228}$$

問 25　1枚の硬貨を400回投げるとき，表の出る回数が195回以上210回以下となる確率を，正規分布表を利用して求めよ。

教科書 p.73

ガイド　前問と同様にして，二項分布の正規分布による近似を行う。

解答　表の出る回数を X とすると，X は二項分布 $B\left(400,\ \frac{1}{2}\right)$ に従うから，X の平均 m と標準偏差 σ は，

$$m=400\cdot\frac{1}{2}=200$$

$$\sigma=\sqrt{400\cdot\frac{1}{2}\cdot\frac{1}{2}}=\sqrt{100}=10$$

よって，$Z=\frac{X-m}{\sigma}=\frac{X-200}{10}$ は近似的に標準正規分布 $N(0,\ 1)$ に従う。

$X=195$ のとき，$Z=\frac{195-200}{10}=-0.5$，$X=210$ のとき，$Z=\frac{210-200}{10}=1$ であるから，求める確率は，

$$\begin{aligned}P(195\leqq X\leqq 210)&=P(-0.5\leqq Z\leqq 1)\\&=P(0\leqq Z\leqq 0.5)+P(0\leqq Z\leqq 1)\\&=0.1915+0.3413=\mathbf{0.5328}\end{aligned}$$

節末問題 第2節 正規分布

1 教科書 p.74

確率変数 X のとり得る値の範囲が $0 \leqq X \leqq 2$ で，確率密度関数が $f(x)=kx$ であるとき，次の問いに答えよ。ただし，k は定数とする。

(1) k の値を求めよ。

(2) $P\left(\frac{1}{2} \leqq X \leqq \frac{3}{4}\right)$ を求めよ。

(3) $P(X \leqq \alpha)=\frac{1}{4}$ となる α の値を求めよ。

ガイド (1) 確率変数 X のとり得る値の範囲が $0 \leqq X \leqq 2$ であるから，$P(0 \leqq X \leqq 2)=1$，すなわち，$\int_0^2 f(x)\,dx=1$ である。

(3) 確率変数 X のとり得る値の範囲が $0 \leqq X \leqq 2$ であるから，$P(X \leqq \alpha)=P(0 \leqq X \leqq \alpha)$ である。よって，$\int_0^\alpha f(x)\,dx=\frac{1}{4}$ を満たす α を求める。

解答 (1) $P(0 \leqq X \leqq 2)=\int_0^2 kx\,dx$

$=\left[\frac{1}{2}kx^2\right]_0^2=2k$

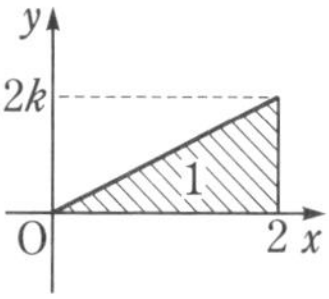

$P(0 \leqq X \leqq 2)=1$ より，　$2k=1$

よって，　$\boldsymbol{k=\frac{1}{2}}$

(2) $P\left(\frac{1}{2} \leqq X \leqq \frac{3}{4}\right)=\int_{\frac{1}{2}}^{\frac{3}{4}} \frac{1}{2}x\,dx=\left[\frac{1}{4}x^2\right]_{\frac{1}{2}}^{\frac{3}{4}}$

$=\frac{9}{64}-\frac{1}{16}=\boldsymbol{\frac{5}{64}}$

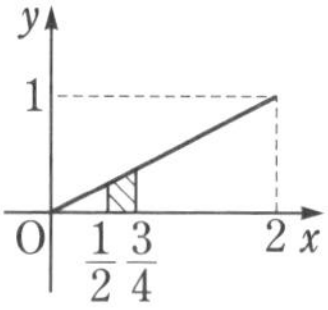

(3) $P(X \leqq \alpha)=P(0 \leqq X \leqq \alpha)$

$=\int_0^\alpha \frac{1}{2}x\,dx=\left[\frac{1}{4}x^2\right]_0^\alpha=\frac{1}{4}\alpha^2$

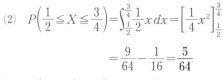

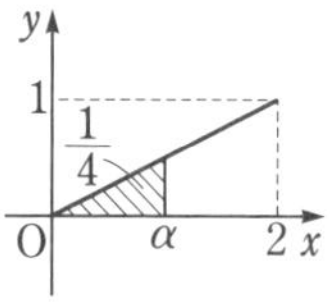

$P(X \leqq \alpha)=\frac{1}{4}$ より，　$\frac{1}{4}\alpha^2=\frac{1}{4}$

したがって，　$\alpha^2=1$

よって，$0 \leqq \alpha \leqq 2$ より，　$\boldsymbol{\alpha=1}$

□ **2** 教科書 p.74

確率変数 X が正規分布 $N(50,\ 10^2)$ に従うとき，正規分布表を利用して，次の確率を求めよ。

(1)　$P(X \leqq 55)$　　(2)　$P(60 \leqq X \leqq 70)$　　(3)　$P(X \geqq 65)$

ガイド　$Z=\dfrac{X-50}{10}$ は標準正規分布 $N(0,\ 1)$ に従う。

解答　X は，正規分布 $N(50,\ 10^2)$ に従うから，$Z=\dfrac{X-50}{10}$ は，標準正規分布 $N(0,\ 1)$ に従う。

(1)　$X=55$ のとき，　$Z=\dfrac{55-50}{10}=0.5$

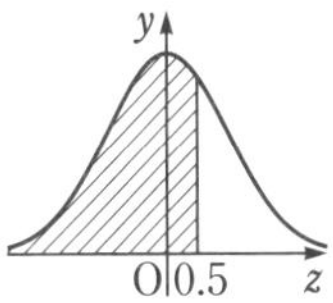

よって，

$$P(X \leqq 55)=P(Z \leqq 0.5)$$
$$=P(Z \leqq 0)+P(0 \leqq Z \leqq 0.5)$$
$$=0.5+0.1915$$
$$=\mathbf{0.6915}$$

(2)　$X=60$ のとき，　$Z=\dfrac{60-50}{10}=1$

$X=70$ のとき，　$Z=\dfrac{70-50}{10}=2$

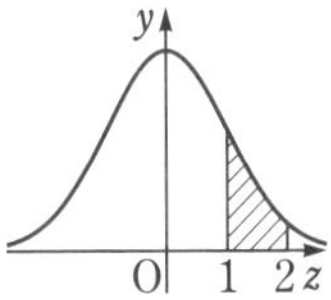

よって，

$$P(60 \leqq X \leqq 70)=P(1 \leqq Z \leqq 2)$$
$$=P(0 \leqq Z \leqq 2)-P(0 \leqq Z \leqq 1)$$
$$=0.4772-0.3413$$
$$=\mathbf{0.1359}$$

(3)　$X=65$ のとき，　$Z=\dfrac{65-50}{10}=1.5$

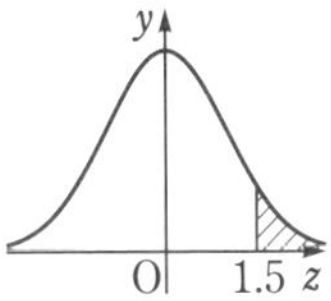

よって，

$$P(X \geqq 65)=P(Z \geqq 1.5)$$
$$=P(Z \geqq 0)-P(0 \leqq Z \leqq 1.5)$$
$$=0.5-0.4332$$
$$=\mathbf{0.0668}$$

3 教科書 p.74

確率変数 X が正規分布 $N(50,\ 10^2)$ に従うとき，正規分布表を利用して，次の α のおよその値を求めよ。

(1) $P(X \geqq \alpha)=0.1$　　(2) $P(|X-50| \leqq \alpha)=0.99$

ガイド $Z=\dfrac{X-50}{10}$ ……① は標準正規分布 $N(0,\ 1)$ に従う。

①を用いて，Xに関する条件をZに関する条件におき換えてから，$P(0 \leqq Z \leqq u)=\sim$ の形（u は α の式）に変形することを考える。

解答 X は，正規分布 $N(50,\ 10^2)$ に従うから，$Z=\dfrac{X-50}{10}$ は，標準正規分布 $N(0,\ 1)$ に従う。

(1) $X=\alpha$ のとき，$Z=\dfrac{\alpha-50}{10}$ より，$u=\dfrac{\alpha-50}{10}$ とおくと，

$P(X \geqq \alpha)=0.1<0.5$ より，

$$P(X \geqq \alpha)=P(Z \geqq u)=P(Z \geqq 0)-P(0 \leqq Z \leqq u)$$
$$=0.5-P(0 \leqq Z \leqq u)$$

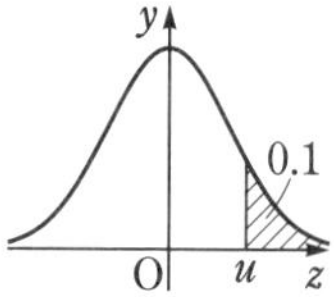

$P(X \geqq \alpha)=0.1$ より，

$0.5-P(0 \leqq Z \leqq u)=0.1$

したがって，　$P(0 \leqq Z \leqq u)=0.4$

正規分布表より，　$u \fallingdotseq 1.28$

よって，　$\alpha=10u+50 \fallingdotseq 10 \times 1.28+50=\mathbf{62.8}$

(2) $|X-50| \leqq \alpha$ より，$\alpha \geqq 0$ であり，

$-\alpha \leqq X-50 \leqq \alpha$

すなわち，

$50-\alpha \leqq X \leqq 50+\alpha$

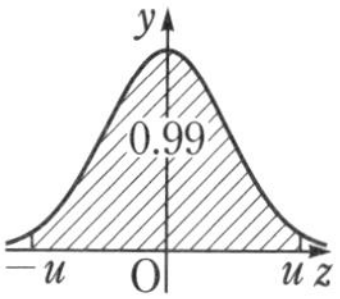

$X=50-\alpha$ のとき，　$Z=\dfrac{(50-\alpha)-50}{10}=-\dfrac{\alpha}{10}$

$X=50+\alpha$ のとき，　$Z=\dfrac{(50+\alpha)-50}{10}=\dfrac{\alpha}{10}$

より，$u=\dfrac{\alpha}{10}$ とおくと，

$$P(|X-50| \leqq \alpha)=P(50-\alpha \leqq X \leqq 50+\alpha)$$
$$=P(-u \leqq Z \leqq u)=2P(0 \leqq Z \leqq u)$$

$P(|X-50| \leqq \alpha)=0.99$ より，　$2P(0 \leqq Z \leqq u)=0.99$

したがって，　$P(0 \leqq Z \leqq u)=0.495$

正規分布表より，　$u \fallingdotseq 2.58$

よって，　$\alpha = 10u \fallingdotseq 10 \times 2.58 = \mathbf{25.8}$

□ **4** 教科書 p.74

1個のさいころを200回投げるとき，3の倍数の目の出る回数が55回以下となる確率を，正規分布表を利用して求めよ。

ガイド 3の倍数の目が出る回数を X とすると，X は二項分布 $B\left(200,\ \dfrac{1}{3}\right)$ に従う。確率変数 X が二項分布 $B(n,\ p)$ に従うとき，n が大きければ，$Z = \dfrac{X - np}{\sqrt{npq}}$ $(q = 1 - p)$ は，近似的に標準正規分布 $N(0,\ 1)$ に従う。

解答 3の倍数の目が出る回数を X とすると，X は二項分布 $B\left(200,\ \dfrac{1}{3}\right)$ に従うから，X の平均 m と標準偏差 σ は，

$$m = 200 \cdot \frac{1}{3} = \frac{200}{3}$$

$$\sigma = \sqrt{200 \cdot \frac{1}{3} \cdot \frac{2}{3}} = \sqrt{\frac{400}{9}} = \frac{20}{3}$$

よって，$Z = \dfrac{X - m}{\sigma} = \dfrac{X - \dfrac{200}{3}}{\dfrac{20}{3}} = \dfrac{3X - 200}{20}$ は近似的に標準正規分布 $N(0,\ 1)$ に従う。

$X = 55$ のとき，$Z = \dfrac{3 \cdot 55 - 200}{20} = -1.75$ であるから，求める確率は，

$$\begin{aligned} P(X \leqq 55) &= P(Z \leqq -1.75) = P(Z \geqq 1.75) \\ &= P(Z \geqq 0) - P(0 \leqq Z \leqq 1.75) \\ &= 0.5 - 0.4599 = \mathbf{0.0401} \end{aligned}$$

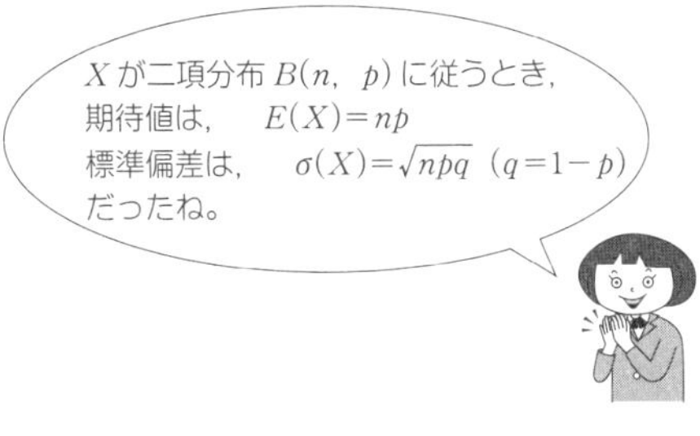
Xが二項分布B(n, p)に従うとき，
期待値は，　E(X)=np
標準偏差は，　σ(X)=√npq (q=1−p)
だったね。

第3節 区間推定と仮説検定

1 母集団と標本

問 26 1等1000円が2本，2等300円が5本，3等100円が15本，4等10円が20本，はずれ0円が8本の計50本ある宝くじを母集団とする。この宝くじを1本引いたときの賞金Xに対して，母平均，母分散，母標準偏差をそれぞれ求めよ。

教科書 p.77

ガイド 大きさNの母集団の中から要素を1つ無作為抽出するとき，変量Xの値がa_iとなる確率をp_i $(i=1, 2, \cdots\cdots, k)$とすると，$X$は次の表のような確率分布をもつ確率変数と考えられる。

X	a_1	a_2	……	a_k	計
P	p_1	p_2	……	p_k	1

この確率分布を**母集団分布**といい，母集団分布の期待値，分散，標準偏差を，それぞれ**母平均**，**母分散**，**母標準偏差**といい，m，σ^2，σで表す。

まず，母集団分布（確率分布）の表を作り，第1節で学んだことをもとにして，母平均m，母分散σ^2，母標準偏差σを計算する。

解答 確率変数Xの母集団分布は右の表のようになる。母平均，母分散，母標準偏差をそれぞれm，σ^2，σとする。

X	1000	300	100	10	0	計
P	$\frac{2}{50}$	$\frac{5}{50}$	$\frac{15}{50}$	$\frac{20}{50}$	$\frac{8}{50}$	1

$$\boldsymbol{m}=E(X)=1000\times\frac{2}{50}+300\times\frac{5}{50}+100\times\frac{15}{50}+10\times\frac{20}{50}+0\times\frac{8}{50}$$

$$=40+30+30+4+0=\mathbf{104}\ \textbf{(円)}$$

$$E(X^2)=1000^2\times\frac{2}{50}+300^2\times\frac{5}{50}+100^2\times\frac{15}{50}+10^2\times\frac{20}{50}+0^2\times\frac{8}{50}$$

$$=40000+9000+3000+40+0=52040$$

より，$\boldsymbol{\sigma}^2=E(X^2)-\{E(X)\}^2=52040-104^2$

$$=52040-10816=\mathbf{41224}$$

$$\boldsymbol{\sigma}=\sqrt{41224}=\mathbf{2\sqrt{10306}}\ \textbf{(円)}$$

テクニック　本問は，とくに母分散 σ^2 を求める際の計算量がやや多い。しかし，**解答**のように，$\sigma^2=E(X^2)-\{E(X)\}^2$ を用いず，教科書 p.77 の例 19 と同様に，分散の定義式に従って計算しようとすると，

$(1000-104)^2\times\dfrac{2}{50}+\cdots\cdots$ のような式が出てくるので，さらに計算が煩雑になることが予想される。本問のような計算主体の問題では，計算の煩雑さをできるだけ回避するような計算方法の選択や計算の工夫をすることが重要である。

問 27　教科書 78 ページの例 20 において，カードを 1 枚ずつ非復元抽出する。抽出する順序を区別しないとき，大きさ 2 の標本の選び方は何通りあるか。

教科書 p.78

ガイド　母集団から標本を抽出するとき，抽出のたびに要素をもとに戻し，あらためて次の要素を抽出する方法を**復元抽出**という。これに対して，もとに戻さないで続けて要素を抽出する方法を**非復元抽出**という。

まず，同じ番号のカードがあるが，これらはすべて異なるものとみなすことに注意する。次に，抽出する順序を区別しないので，2 枚を同時に抽出することと同じであることに着目する。

解答　同じ番号のカードもすべて異なるものとみなす。抽出する順序を区別しないので，大きさ 2 の標本の非復元抽出は，2 枚のカードを同時に取り出すことと同じである。よって，10 枚から 2 枚取る組合せの数に等しいので，　${}_{10}C_2=45$ **(通り)**

問 28　ある牧場の乳牛 1 頭の 1 日あたりの搾乳量の分布は，平均 23 L，標準偏差 5.4 L の正規分布に従うとする。この牧場の乳牛から 36 頭を無作為抽出するとき，搾乳量の標本平均 $\overline{X}$ の期待値と標準偏差を求めよ。

教科書 p.80

ガイド　母集団から大きさ n の無作為標本 X_1，X_2，……，X_n を抽出するとき，$\dfrac{X_1+X_2+\cdots\cdots+X_n}{n}$ を**標本平均**といい，$\overline{X}$ で表す。

ここがポイント [標本平均]

母平均 m，母標準偏差 σ の母集団から，大きさ n の標本を無作為抽出するとき，

1. 標本平均 $\overline{X}$ の **期待値** は，　$E(\overline{X})=m$
2. 標本平均 $\overline{X}$ の **標準偏差** は，　$\sigma(\overline{X})=\dfrac{\sigma}{\sqrt{n}}$

解答 標本平均 $\overline{X}$ の**期待値は**母平均に等しいから，　$E(\overline{X})=23$ (L)

母標準偏差を σ とすると，標本平均 $\overline{X}$ の**標準偏差は** $\dfrac{\sigma}{\sqrt{n}}$ に等しい。

$\sigma=5.4$，$n=36$ より，　$\sigma(\overline{X})=\dfrac{5.4}{\sqrt{36}}=\mathbf{0.9}$ **(L)**

参考 **ここがポイント** の1より，n が大きくなっても，$E(\overline{X})$ は一定の値 m のままである。一方，2より，$\sigma(\overline{X})$ は，n の増加とともに小さくなり，0に近づく。このため，標本平均 $\overline{X}$ の分布は，n が大きくなるにつれて，m の近くに集中する。一般に，次の**大数の法則**(たいすう)が成り立つ。

ここがポイント [大数の法則]

母平均 m の母集団から，大きさ n の標本を無作為抽出するとき，n を大きくしていくと，標本平均 $\overline{X}$ は母平均 m に近づく。

また，母集団分布がどのような形であっても，標準化について，次の事実が成り立つことが知られている。

ここがポイント [標本平均の標準化]

母平均 m，母標準偏差 σ の母集団から抽出された大きさ n の標本の標本平均 $\overline{X}$ について，n が大きいとき，$Z=\dfrac{\overline{X}-m}{\dfrac{\sigma}{\sqrt{n}}}$ は近似的に標準正規分布 $N(0,\ 1)$ に従う。

2 推定

問29 ある工場で作っている部品の山から，400 個を抜き出してその長さを調べたところ，標本平均が 15.45 cm，標準偏差が 0.55 cm であった。この部品の長さの母平均を，信頼度 95% で推定せよ。

教科書 p.85

ガイド 母平均などのような，母集団分布の特性を示す定数の値が未知のときに，与えられた標本からその値を推測することを**推定**という。推定するときには，標本から得られた値に，ある幅をとって考えることが多い。これを**区間推定**という。

母平均 m，母標準偏差 σ の母集団から無作為抽出した大きさ n の標本の標本平均 $\overline{X}$ について，n が大きいとき，

$$\overline{X}-1.96\times\frac{\sigma}{\sqrt{n}}\leqq m\leqq\overline{X}+1.96\times\frac{\sigma}{\sqrt{n}}\quad\cdots\cdots①$$

が成り立つ確率は 0.95 になる。①で示される範囲を，母平均 m に対する**信頼度** 95% の**信頼区間**という。

実際には，σ の値はわからない場合がほとんどで，σ を標本の標準偏差の値 s でおき換える。n が大きいとき，大きな違いは生じない。

ここがポイント [母平均の推定]

母平均 m に対する信頼度 95% の信頼区間は，標本の大きさ n が大きいとき，標本平均の実現値を $\overline{x}$，標本の標準偏差の実現値を s とすると，

$$\left[\overline{x}-1.96\times\frac{s}{\sqrt{n}},\quad \overline{x}+1.96\times\frac{s}{\sqrt{n}}\right]$$

解答 信頼度 95% の信頼区間 $\left[\overline{x}-1.96\times\frac{s}{\sqrt{n}},\ \overline{x}+1.96\times\frac{s}{\sqrt{n}}\right]$ に，

標本の大きさ $n=400$，標本平均の実現値 $\overline{x}=15.45$，標本の標準偏差の実現値 $s=0.55$ を代入すると，

$$\left[15.45-1.96\times\frac{0.55}{\sqrt{400}},\ 15.45+1.96\times\frac{0.55}{\sqrt{400}}\right]$$

よって，この部品の長さの母平均に対する信頼度 95% の信頼区間は，

$$[15.45-0.05,\ 15.45+0.05]$$

すなわち，　**[15.40, 15.50]**

注意 標本抽出を繰り返すと，$\overline{X}$ の値は変わるから，そのたびに①の区間は変化する。信頼度 95％ の信頼区間とは，標本抽出を 100 回行うとそのうちの 95 回ぐらいは，その信頼区間に母平均 m が含まれているだろうということを意味している。

問30 ある集団から 10000 個体を無作為抽出したところ，100 個体がウイルスに感染していた。この集団の感染率を，信頼度 95％ で推定せよ。

教科書 p.86

ガイド 母集団の中で，ある性質Aをもつ要素の割合を，その性質の**母比率**という。また，標本の中で性質Aをもつ要素の割合を，その性質の**標本比率**という。標本比率の実現値 p_0 から母比率 p を推定する。

ここがポイント [母比率の推定]

母比率 p に対する信頼度 95％ の信頼区間は，標本の大きさ n が大きいとき，標本比率の実現値を p_0 とすると，

$$\left[p_0-1.96\times\sqrt{\frac{p_0(1-p_0)}{n}},\ p_0+1.96\times\sqrt{\frac{p_0(1-p_0)}{n}}\right]$$

解答 標本比率の実現値 p_0 は，$p_0=\frac{100}{10000}=\frac{1}{100}=0.01$ であるから，この集団の感染率（母比率）p に対する信頼度 95％ の信頼区間は，

$$\left[0.01-1.96\times\sqrt{\frac{\frac{1}{100}\left(1-\frac{1}{100}\right)}{10000}},\ 0.01+1.96\times\sqrt{\frac{\frac{1}{100}\left(1-\frac{1}{100}\right)}{10000}}\right]$$

ここで，
$$1.96\times\sqrt{\frac{\frac{1}{100}\left(1-\frac{1}{100}\right)}{10000}}=\frac{196}{100}\sqrt{\frac{99}{10000^2}}=\frac{196\times3\sqrt{11}}{10^2\times10^4}$$
$$\fallingdotseq\frac{1950}{10^6}=0.001950$$

であるから，求める信頼区間は，

$$[0.01-0.001950,\ 0.01+0.001950]$$

すなわち，　$[\mathbf{0.008050},\ \mathbf{0.011950}]$

注意 本問では，$1.96\times\sqrt{\frac{p_0(1-p_0)}{n}}$ を p_0 を小数として計算すると，小数点以下の桁数が多くなり，煩雑になる。**解答**のように，分数のままで計算し，分母が 10^p の形の分数の乗除として処理すれば，煩雑さが回避できる。

3 仮説検定

問31 ある工場で作られているボルトは，直径 7 mm，標準偏差は 0.02 mm であるという。ある日，作られたボルト 256 個を調べたところ，標本平均が 7.01 mm であった。この工場で作られているボルトの母平均は直径 7 mm といえるだろうか。有意水準 5% で仮説検定せよ。

教科書 p.93

ガイド 母集団に関する**仮説**を立て，それが正しいか否かを実験や観測に基づき判断する統計的手法を**仮説検定**という。仮説検定を行うために，まず，否定されることを想定した仮説を立てる。これを**帰無仮説**といい，H_0 で表す。また，めったに起こらない事象と判断する基準となる確率の値 α を定める。この α を**有意水準**または**危険率**といい，0.05 や 0.01 のような小さい値にとる。たとえば，$\alpha=0.05$ のとき，その仮説検定を，有意水準 5% の仮説検定という。

次に，帰無仮説 H_0 の妥当性を判断するための確率変数 T を選ぶ。この T を**検定統計量**という。そして，帰無仮説 H_0 の下で T が実現値 t 以上に偏った値をとる確率を計算し，その値が α より小さければ，帰無仮説は否定できると判断する。これを，帰無仮説を**棄却する**という。

一方，計算した確率が α 以上ならば，帰無仮説は否定できないと判断する。これを，帰無仮説を**棄却しない**という。

仮説検定の手順をまとめると次のようになる。

(I) 否定されることが想定される帰無仮説 H_0 を立てる。

(II) 有意水準 α を定める。

(III) 適切な検定統計量 T を選び，その実現値 t を求める。

(IV) 帰無仮説の下で，検定統計量 T が実現値 t 以上に偏った値をとる確率 P を求める。

　(i) $P<\alpha$ の場合　帰無仮説 H_0 を棄却する。

　(ii) $P\geqq\alpha$ の場合　帰無仮説 H_0 を棄却しない。

本問では，ボルトの直径の母平均が 7 mm であることを疑っているので，まず，帰無仮説として，H_0：$m=7$ を立てる。この下で，標本平均 $\overline{X}$ と m の差 $|\overline{X}-m|$ が，実現値 $\overline{x}$ と m の差 $|\overline{x}-m|$ 以上になる確率 $P(|\overline{X}-m|\geqq|\overline{x}-m|)$ ……① と有意水準 $\alpha=0.05$ を比較する。なお，①の確率を考える際には，教科書 p.82 にも掲載されている次のことを利用する。

ここがポイント **[標本平均の標準化]**

母平均 m，母標準偏差 σ の母集団から抽出された大きさ n の標本の標本平均 $\overline{X}$ について，n が大きいとき，$Z=\dfrac{\overline{X}-m}{\dfrac{\sigma}{\sqrt{n}}}$ は近似的に標準正規分布 $N(0,\ 1)$ に従う。

解答 母平均を m とし，帰無仮説 H_0：$m=7$ を立てる。

ここで，母標準偏差を σ，標本平均を $\overline{X}$ とすると，標本の大きさ n が十分大きいとき，$Z=\dfrac{\overline{X}-m}{\dfrac{\sigma}{\sqrt{n}}}$ は近似的に標準正規分布 $N(0,\ 1)$ に従う。そこで，Z を検定統計量に選ぶと，帰無仮説 H_0：$m=7$ の下で，$\overline{X}$ と m の差 $|\overline{X}-7|$ が，実現値 $\overline{x}=7.01$ と m の差 $|7.01-7|$ 以上となる確率 P は，

$$P(|\overline{X}-7|\geqq|7.01-7|)=P\left(\frac{|\overline{X}-7|}{\dfrac{0.02}{\sqrt{256}}}\geqq\frac{0.01}{\dfrac{0.02}{\sqrt{256}}}\right)$$
$$=P(|Z|\geqq 8)$$

ここで，正規分布表により，

$$P(|Z|\geqq 1.96)=2\times\{0.5-P(0\leqq Z\leqq 1.96)\}$$
$$=2\times(0.5-0.475)=2\times 0.025=0.05$$

$P(|Z|\geqq 8)<P(|Z|\geqq 1.96)$ なので，確率 P は有意水準 $\alpha=0.05$ より小さい。したがって，帰無仮説 H_0 は棄却されるので，ボルトの直径の平均は **7 mm ではないといえる**。

注意 $P(|Z|\geqq 8)$ は正規分布表から求めることができないので，$P(|Z|\geqq 1.96)$ と比較した。

また，帰無仮説 H_0 に対し，H_0 を否定することで正当化されると考えられる仮説を**対立仮説**といい，H_1 で表す。仮説検定の手順の(1)では，対立仮説 H_1 も書くことがある。

プラスワン 本問を別の観点から考えてみる。

帰無仮説 H_0 の下で，確率が有意水準 α より小さくなるような実現値の範囲を**棄却域**という。

棄却域の考え方を用いると，本問は，次のように解くこともできる。

別解 まず，母平均を m とし，帰無仮説 H_0：$m=7$ を立てる。

次に，有意水準 α として，$\alpha=0.05$ と定める。

ここで，母標準偏差を σ，標本平均を $\overline{X}$ とすると，標本の大きさ n が十分大きいとき，$Z=\dfrac{\overline{X}-m}{\dfrac{\sigma}{\sqrt{n}}}$ は近似的に標準正規分布 $N(0,\ 1)$ に従う。

よって，正規分布表より，

$$P(|Z|>1.96)=0.05 \quad \cdots\cdots①$$

である。帰無仮説 H_0：$m=7$ の下で，①は，

$$P\left(|\overline{X}-7|>1.96\times\frac{\sigma}{\sqrt{n}}\right)=0.05$$

と書き直せる。

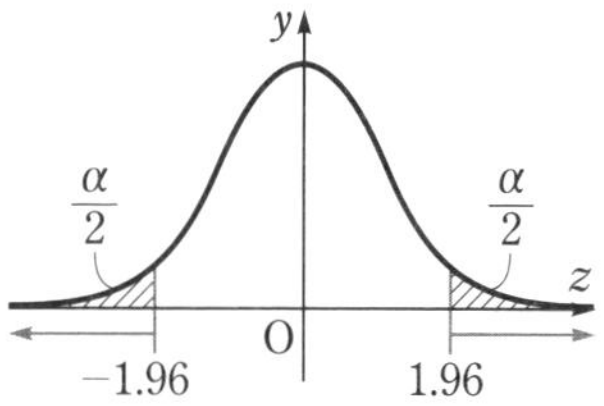

したがって，$\sigma=0.02$，$n=256$ のとき，有意水準 $\alpha=0.05$ に対する帰無仮説 H_0 の棄却域は，

$$|\overline{X}-7|>1.96\times\frac{0.02}{\sqrt{256}}=\frac{1.96}{800}=0.00245 \quad \cdots\cdots②$$

を満たす実現値 $\overline{x}$ の範囲である。

ここで，標本平均の実現値 $\overline{x}=7.01$ は，不等式②を満たす。

よって，帰無仮説 H_0 は棄却されるので，ボルトの直径の平均は 7 mm ではないといえる。

問 32 教科書 p.93

ある番組の視聴率について，全国の視聴率は 36 % であるという。大阪府で独自に標本調査を行ったところ，400 世帯中 118 世帯がその番組を見たと回答した。大阪府でもこの番組の視聴率は 36 % といえるだろうか。次の手順で検定せよ。

(1) 大阪府の視聴率，すなわち，その番組を見た世帯の母比率 p についての帰無仮説を立て，その下での母標準偏差を求めよ。

(2) 標本比率を R とすると，標本の大きさ n が大きいとき，

$Z=\dfrac{R-p}{\sqrt{\dfrac{p(1-p)}{n}}}$ は近似的に標準正規分布 $N(0,\ 1)$ に従うと考えられる。このことを利用して，有意水準 5 % で仮説検定せよ。

ガイド (1) 帰無仮説は「視聴率が36%である」なので, $H_0: p=0.36$

次に, 母比率がpであるときの母標準偏差を求める式を導く。

母集団の中で, 性質Aをもつ要素の割合をpとし, 性質Aをもてば1, もたなければ0をとる確率変数をXとして, Xの標準偏差を求める。

(2) $Z=\dfrac{R-p}{\sqrt{\dfrac{p(1-p)}{n}}}$ を検定統計量とし, これに $p=0.36$ を代入し, p_0を確率変数とみて, 前問と同様に考える。

解答 (1) 帰無仮説は,「大阪府の視聴率が36%である」, すなわち, $H_0: p=0.36$ となる。

次に, 母比率がpであるときの母標準偏差を求める。

母集団において, 性質Aをもつ要素の割合がpであるということは, 性質Aをもつ要素には1を, もたない要素には0を対応させると, 数字1と0のうち1の割合がpであること, つまり, 母集団分布が右のような0と1をとる確率変数Xの確率分布となることと同じである。よって, Xの標準偏差を求めれば, それが母標準偏差となる。

X	0	1	計
P	$1-p$	p	1

$$E(X)=1\times p+0\times(1-p)=p$$

$E(X^2)=1^2\times p+0^2\times(1-p)=p$ より,

$$V(X)=E(X^2)-\{E(X)\}^2=p-p^2=p(1-p)$$

よって, 母標準偏差をσとすれば, $\sigma=\sqrt{V(X)}=\sqrt{p(1-p)}$

帰無仮説 $H_0: p=0.36$ の下で, この値は,

$$\sigma=\sqrt{p(1-p)}=\sqrt{0.36(1-0.36)}=\mathbf{0.48} \quad \cdots\cdots①$$

(2) 標本比率をRとすると, 標本の大きさnが十分大きいとき,

$Z=\dfrac{R-p}{\sqrt{\dfrac{p(1-p)}{n}}}$ は近似的に標準正規分布 $N(0,\ 1)$ に従う。

そこで, Zを検定統計量に選ぶと, 帰無仮説 $H_0: p=0.36$ の下で, Rとpの差$|R-0.36|$が, 実現値 $\dfrac{118}{400}=0.295$ とpの差$|0.295-0.36|$以上となる確率Pは, ①を用いれば,

$$P(|R-0.36|\geqq|0.295-0.36|)$$
$$=P\left(\frac{|R-0.36|}{\frac{0.48}{\sqrt{400}}}\geqq\frac{0.065}{\frac{0.48}{\sqrt{400}}}\right)=P\left(|Z|\geqq0.065\times\frac{\sqrt{400}}{0.48}\right)$$
$$=P\left(|Z|\geqq0.065\times\frac{20}{0.48}\right)=P\left(|Z|\geqq\frac{130}{48}\right)\fallingdotseq P(|Z|\geqq2.71)$$

であり，正規分布表より，

$$P(|Z|\geqq2.71)=2\times\{0.5-P(0\leqq Z\leqq2.71)\}$$
$$=2\times(0.5-0.49664)=2\times0.00336=0.00672$$

よって，確率 P は有意水準 $\alpha=0.05$ より小さい。したがって，帰無仮説 H_0 は棄却されるので，大阪府の視聴率は **36％ではないといえる**。

参考 (2)の問題文で述べられていることが成り立つわけを考えてみよう。

まず，n が大きいとき，母平均 m，母標準偏差 σ の母集団から抽出した大きさ n の標本について，　$Z=\dfrac{\overline{X}-m}{\frac{\sigma}{\sqrt{n}}}$　……②

は近似的に標準正規分布 $N(0,\ 1)$ に従う。

X	0	1	計
P	$1-p$	p	1

ここで，(1)で考えたように，母集団において性質Aをもつ要素の母比率が p であることは，確率変数 X が右のような確率分布をもつことと同じであり，母平均 m，母標準偏差 σ は，(1)で求めたように，

$$m=E(X)=p \quad ……③ \qquad \sigma=\sqrt{p(1-p)} \quad ……④$$

また，表のような確率分布をもつ母集団から大きさ n の標本を抽出し，各要素の確率変数を X_1，X_2，……，X_n とすると，標本平均

$\overline{X}=\dfrac{X_1+X_2+\cdots\cdots+X_n}{n}$ は，標本のうちの1であるものの割合，つまり，もとの母集団から大きさ n の標本を抽出したときの性質Aをもつ要素の割合（標本比率）を表すので，$R=\overline{X}$　……⑤ となる。

よって，②，③，④，⑤より，　$Z=\dfrac{R-p}{\sqrt{\dfrac{p(1-p)}{n}}}$

が成り立つ。

節末問題　第３節　区間推定と仮説検定

1 教科書 p.96

母平均 60，母標準偏差 15 の母集団から大きさ 100 の標本を抽出し，その標本平均を $\overline{X}$ とするとき，次の問いに答えよ。

(1) $\overline{X}$ の平均を求めよ。

(2) $\overline{X}$ の標準偏差を求めよ。

ガイド 母平均 m，母標準偏差 σ の母集団から大きさ n の標本を無作為抽出するとき，標本平均 $\overline{X}$ について，平均（期待値）は，$E(\overline{X})=m$，標準偏差は，$\sigma(\overline{X})=\dfrac{\sigma}{\sqrt{n}}$ である。

解答 母平均 m は 60，母標準偏差 σ は 15，標本の大きさ n は 100 である。

(1) $\overline{X}$ の平均は，　$E(\overline{X})=m=\mathbf{60}$

(2) $\overline{X}$ の標準偏差は，　$\sigma(\overline{X})=\dfrac{\sigma}{\sqrt{n}}=\dfrac{15}{\sqrt{100}}=\dfrac{15}{10}=\mathbf{\dfrac{3}{2}}$

2 教科書 p.96

1，2，3 の数が 1 つずつ書かれたカードが，それぞれ 3 枚，2 枚，5 枚ある。この 10 枚のカードを母集団とするとき，カードの数について次の問いに答えよ。

数字	1	2	3	計
度数	3	2	5	10

(1) 母平均 m と母標準偏差 σ を求めよ。

(2) この母集団から，大きさ 4 の標本 X_1，X_2，X_3，X_4 を復元抽出したとき，その標本平均 $\overline{X}$ の平均 $E(\overline{X})$ と標準偏差 $\sigma(\overline{X})$ を求めよ。

ガイド (2) $E(\overline{X})=m$，$\sigma(\overline{X})=\dfrac{\sigma}{\sqrt{n}}$ である。

解答 (1) $m=1\cdot\dfrac{3}{10}+2\cdot\dfrac{2}{10}+3\cdot\dfrac{5}{10}=\dfrac{22}{10}=\mathbf{\dfrac{11}{5}}$

また，$\sigma^2=1^2\cdot\dfrac{3}{10}+2^2\cdot\dfrac{2}{10}+3^2\cdot\dfrac{5}{10}-\left(\dfrac{11}{5}\right)^2=\dfrac{28}{5}-\dfrac{121}{25}=\dfrac{19}{25}$ より，

$$\sigma=\sqrt{\frac{19}{25}}=\mathbf{\frac{\sqrt{19}}{5}}$$

(2)　$E(\overline{X})=m=\mathbf{\frac{11}{5}}$,　$\sigma(\overline{X})=\frac{\sigma}{\sqrt{4}}=\frac{\frac{\sqrt{19}}{5}}{2}=\mathbf{\frac{\sqrt{19}}{10}}$

3　教科書 p.96

ある高校で，全校生徒の中から 144 人を無作為に選んで身長を測定したところ，平均が 169.0 cm，標準偏差が 7.0 cm であった。この高校の全校生徒の平均身長を信頼度 95% で推定せよ。

ガイド　信頼度 95% の信頼区間 $\left[\overline{x}-1.96\times\frac{s}{\sqrt{n}},\ \overline{x}+1.96\times\frac{s}{\sqrt{n}}\right]$ に，$n=144$，$\overline{x}=169.0$，$s=7.0$ を代入する。

解答　信頼度 95% の信頼区間 $\left[\overline{x}-1.96\times\frac{s}{\sqrt{n}},\ \overline{x}+1.96\times\frac{s}{\sqrt{n}}\right]$ に，標本の大きさ $n=144$，標本平均の実現値 $\overline{x}=169.0$，標本の標準偏差の実現値 $s=7.0$ を代入すると，

$$\left[169.0-1.96\times\frac{7.0}{\sqrt{144}},\ 169.0+1.96\times\frac{7.0}{\sqrt{144}}\right]$$

よって，この高校の全校生徒の平均身長に対する信頼度 95% の信頼区間は，　**[167.9, 170.1]**

4　教科書 p.96

ある工場で作った製品 400 個のうち，12 個が不良品であった。この工場で作った全製品における不良品の比率を，信頼度 95% で推定せよ。

ガイド　信頼度 95% の信頼区間

$\left[p_0-1.96\times\sqrt{\frac{p_0(1-p_0)}{n}},\ p_0+1.96\times\sqrt{\frac{p_0(1-p_0)}{n}}\right]$ に，$n=400$，

$p_0=\frac{12}{400}=0.03$ を代入する。

解答　標本比率の実現値 p_0 は，

$$p_0=\frac{12}{400}=0.03$$

であるから，この工場で作った全製品における不良品の比率に対する信頼度 95% の信頼区間は，

$$\left[0.03-1.96\times\sqrt{\frac{0.03(1-0.03)}{400}},\ 0.03+1.96\times\sqrt{\frac{0.03(1-0.03)}{400}}\right]$$

よって，　**[0.013, 0.047]**

□ **5** 教科書 p.96

ある大学では，例年，新入生約 3200 人に対して英語能力試験を実施しており，この試験の成績は，平均点 420 点，標準偏差 60 点の正規分布に従うという。今年の新入生のうち，36 人を無作為抽出して成績を調べたところ，平均点 443 点，標準偏差 62 点であった。今年の新入生の英語能力に変化があったといえるだろうか。有意水準 5 % で仮説検定せよ。

ガイド 帰無仮説として，$H_0 : m=420$ を立て，その下で，標本平均 $\overline{X}$ とその実現値 $\overline{x}$ について，確率 $P(|\overline{X}-m| \geqq |\overline{x}-m|)$ と有意水準 $\alpha=0.05$ を比較する。検定統計量として，$Z=\dfrac{\overline{X}-m}{\dfrac{\sigma}{\sqrt{n}}}$ を考え，Z が標準正規分布に従うことを使う。

解答 母平均を m とし，帰無仮説 $H_0 : m=420$ を立てる。

ここで，母標準偏差を σ，標本平均を $\overline{X}$ とすると，標本の大きさ n が十分大きいとき，$Z=\dfrac{\overline{X}-m}{\dfrac{\sigma}{\sqrt{n}}}$ は近似的に標準正規分布 $N(0,\ 1)$ に従う。そこで，Z を検定統計量に選ぶと，帰無仮説 $H_0 : m=420$ の下で，$\overline{X}$ との差 $|\overline{X}-420|$ が，実現値 $\overline{x}=443$ と m の差 $|443-420|$ 以上となる確率 P は，

$$P(|\overline{X}-420| \geqq |443-420|)=P\left(\frac{|\overline{X}-420|}{\frac{60}{\sqrt{36}}} \geqq \frac{23}{\frac{60}{\sqrt{36}}}\right)$$
$$=P(|Z| \geqq 2.3)$$

ここで，正規分布表より，

$$P(|Z| \geqq 2.3)=2\times\{0.5-P(0\leqq Z\leqq 2.3)\}$$
$$=2\times(0.5-0.4893)=2\times 0.0107=0.0214$$

なので，確率 P は有意水準 $\alpha=0.05$ より小さい。したがって，帰無仮説 H_0 は棄却されるので，今年の新入生の英語能力は**変化があったといえる**。

章末問題

A

1 教科書 p.97

1 から 6 までの数が 1 つずつ書かれた 6 枚のカードがある。この中から同時に 2 枚のカードを引くとき，引いたカードに書かれた数の大きい方を X とする。

(1) X の確率分布を求めよ。

(2) X の期待値と標準偏差を求めよ。

(3) $Y=3X-2$ とするとき，確率変数 Y の期待値と標準偏差を求めよ。

ガイド (3) $E(aX+b)=aE(X)+b$, $\sigma(aX+b)=|a|\sigma(X)$ を利用する。

解答 (1) カードの引き方の総数は，${}_6C_2=15$（通り）ある。

$X=2$ となるのは，2 のカードと 2 より小さいカードを引くときであり，2 より小さいのは 1 のみであるから，1 通りある。

したがって，$P(X=2)=\dfrac{1}{15}$ であり，同様に考えて，

$$P(X=3)=\frac{2}{15},\quad P(X=4)=\frac{3}{15},$$

$$P(X=5)=\frac{4}{15},\quad P(X=6)=\frac{5}{15}$$

よって，X の確率分布は，右の表のようになる。

X	2	3	4	5	6	計
P	$\frac{1}{15}$	$\frac{2}{15}$	$\frac{3}{15}$	$\frac{4}{15}$	$\frac{5}{15}$	1

(2) X の**期待値**は，

$$E(X)=2\cdot\frac{1}{15}+3\cdot\frac{2}{15}+4\cdot\frac{3}{15}+5\cdot\frac{4}{15}+6\cdot\frac{5}{15}=\frac{70}{15}=\mathbf{\frac{14}{3}}$$

また，

$$E(X^2)=2^2\cdot\frac{1}{15}+3^2\cdot\frac{2}{15}+4^2\cdot\frac{3}{15}+5^2\cdot\frac{4}{15}+6^2\cdot\frac{5}{15}$$

$$=\frac{350}{15}=\frac{70}{3}$$

したがって，X の分散は，

$$V(X)=E(X^2)-\{E(X)\}^2=\frac{70}{3}-\left(\frac{14}{3}\right)^2=\frac{14}{9}$$

よって，X の**標準偏差**は，　$\sigma(X)=\sqrt{V(X)}=\sqrt{\dfrac{14}{9}}=\mathbf{\dfrac{\sqrt{14}}{3}}$

(3) Y の**期待値**は，

$$E(Y)=E(3X-2)=3E(X)-2=3\cdot\frac{14}{3}-2=\mathbf{12}$$

Y の**標準偏差**は，

$$\sigma(Y)=\sigma(3X-2)=3\sigma(X)=3\cdot\frac{\sqrt{14}}{3}=\boldsymbol{\sqrt{14}}$$

☐ **2**

教科書 p.97

x 軸上を原点から出発し，１個のさいころを投げて，偶数ならば正の方向へ１，奇数ならば負の方向へ１進む点がある。さいころを５回投げるときの点の位置を X として，次の問いに答えよ。

(1) さいころを５回投げるとき，偶数の目が出る回数を Y として，X を Y を使って表せ。

(2) X の期待値と標準偏差を求めよ。

ガイド (2) まず Y の期待値と標準偏差を求める。

解答 (1) 偶数の目が出る回数を Y とすると，奇数の目が出る回数は $5-Y$ であるから，

$$\boldsymbol{X}=1\cdot Y+(-1)\cdot(5-Y)=\mathbf{2Y-5}$$

(2) Y は二項分布 $B\left(5,\ \frac{1}{2}\right)$ に従うから，

期待値は，　$E(Y)=5\cdot\frac{1}{2}=\frac{5}{2}$

標準偏差は，　$\sigma(Y)=\sqrt{5\cdot\frac{1}{2}\cdot\frac{1}{2}}=\sqrt{\frac{5}{4}}=\frac{\sqrt{5}}{2}$

よって，X の**期待値**は，

$$E(X)=E(2Y-5)=2E(Y)-5$$
$$=2\cdot\frac{5}{2}-5=\mathbf{0}$$

X の**標準偏差**は，

$$\sigma(X)=\sigma(2Y-5)=2\sigma(Y)$$
$$=2\cdot\frac{\sqrt{5}}{2}=\boldsymbol{\sqrt{5}}$$

3 教科書 p.97

ある種子の発芽率は，20°C で 60% であるという。この種子を 20°C で 100 粒まくとき，発芽する数 X の期待値と標準偏差を求めよ。また，$P(50 \leqq X \leqq 65)$ を正規分布表を利用して求めよ。

ガイド X は二項分布に従う。

確率変数 X が二項分布 $B(n,\ p)$ に従うとき，n が大きければ，

$Z=\dfrac{X-np}{\sqrt{npq}}$ $(q=1-p)$ は，近似的に標準正規分布 $N(0,\ 1)$ に従う。

解答 X は二項分布 $B(100,\ 0.6)$ に従うから，

期待値は，　$m=100\times0.6=\mathbf{60}$

標準偏差は，　$\sigma=\sqrt{100\times0.6\times0.4}=\sqrt{24}=\mathbf{2\sqrt{6}}$

よって，$Z=\dfrac{X-m}{\sigma}=\dfrac{X-60}{2\sqrt{6}}$ は近似的に標準正規分布 $N(0,\ 1)$ に従う。

$X=50$ のとき，　$Z=\dfrac{50-60}{2\sqrt{6}}=-\dfrac{5\sqrt{6}}{6}\fallingdotseq-2.04$

$X=65$ のとき，　$Z=\dfrac{65-60}{2\sqrt{6}}=\dfrac{5\sqrt{6}}{12}\fallingdotseq1.02$

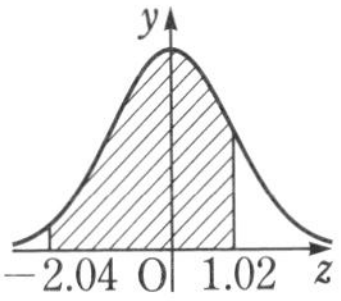
y
−2.04
O
1.02
z

であるから，求める確率は，

$$\begin{aligned}\boldsymbol{P(50\leqq X\leqq65)}&\fallingdotseq P(-2.04\leqq Z\leqq1.02)\\&=P(0\leqq Z\leqq2.04)+P(0\leqq Z\leqq1.02)\\&=0.4793+0.3461\\&=\mathbf{0.8254}\end{aligned}$$

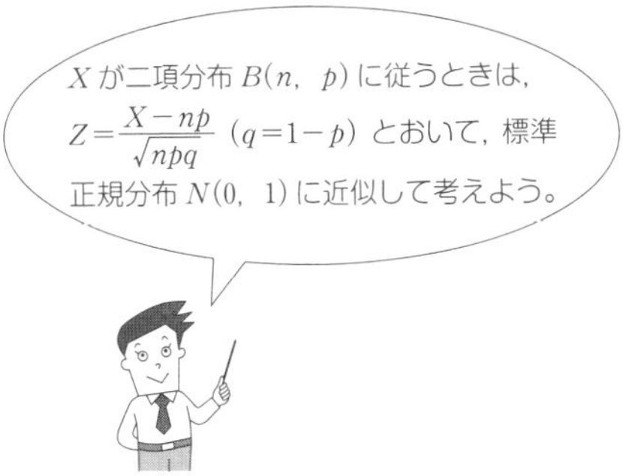
X が二項分布 $B(n,\ p)$ に従うときは，
$Z=\dfrac{X-np}{\sqrt{npq}}$ $(q=1-p)$ とおいて，標準
正規分布 $N(0,\ 1)$ に近似して考えよう。

4 教科書 p.97

ある学校の全生徒から100人を無作為抽出して血液型を調べたら，A型の生徒は40人であった。全生徒の中で血液型がA型である生徒の母比率を，信頼度95％で推定せよ。

ガイド 信頼度95％の信頼区間

$\left[p_0-1.96\times\sqrt{\dfrac{p_0(1-p_0)}{n}},\ p_0+1.96\times\sqrt{\dfrac{p_0(1-p_0)}{n}}\right]$ に，$n=100$，

$p_0=\dfrac{40}{100}=0.4$ を代入する。

解答 標本比率の実現値 p_0 は，$p_0=\dfrac{40}{100}=0.4$ であるから，母比率に対する信頼度95％の信頼区間は，

$$\left[0.4-1.96\times\sqrt{\frac{0.4(1-0.4)}{100}},\ 0.4+1.96\times\sqrt{\frac{0.4(1-0.4)}{100}}\right]$$

よって，　**[0.304，0.496]**

5 教科書 p.97

あるイベントの参加者の男女比は例年50：50である。このイベントの今年の参加者から100人を無作為に選んだところ，男女比は45：55であった。今年の参加者の男女比は例年と異なるといえるだろうか。有意水準5％で仮説検定せよ。

ガイド 男子の母比率を p として，帰無仮説 $H_0：p=0.5$ を立てる。
また，教科書 p.93 の問32で述べられている次のことを用いる。

標本比率を R とすると，標本の大きさ n が大きいとき，

$Z=\dfrac{R-p}{\sqrt{\dfrac{p(1-p)}{n}}}$ は近似的に標準正規分布 $N(0,\ 1)$ に従う。

解答 男子の母比率を p として，帰無仮説 $H_0：p=0.5$ を立てる。
また，標本比率を R とすると，標本の大きさ n が十分大きいとき，

$Z=\dfrac{R-p}{\sqrt{\dfrac{p(1-p)}{n}}}$ は近似的に標準正規分布 $N(0,\ 1)$ に従う。

そこで，Z を検定統計量に選ぶと，帰無仮説 $H_0：p=0.5$ の下で，R と p の差 $|R-0.5|$ が，実現値0.45と p の差 $|0.45-0.5|$ 以上となる確率 P は，

$$P(|R-0.5| \geqq |0.45-0.5|)$$
$$=P\left(\frac{|R-0.5|}{\sqrt{\frac{0.5\times0.5}{100}}} \geqq \frac{0.05}{\sqrt{\frac{0.5\times0.5}{100}}}\right)=P\left(|Z| \geqq \frac{0.05}{\sqrt{0.5^2}}\cdot10\right)$$
$$=P(|Z| \geqq 1)$$

であり，正規分布表より，

$$P(|Z| \geqq 1)=2\times\{0.5-P(0 \leqq Z \leqq 1)\}$$
$$=2\times(0.5-0.3413)=2\times0.1587=0.3174$$

よって，確率 P は有意水準 $\alpha=0.05$ より大きい。したがって，帰無仮説 H_0 は棄却されないので，今年の参加者の男女比は，**例年と異なるとは判断できない**。

注意 帰無仮説が棄却されないということは，帰無仮説を否定できる根拠が得られなかったという意味であり，帰無仮説を積極的に肯定するという意味ではない。

B

6 教科書 p.98

さいころが1個，硬貨が1枚ある。持ち点0から始めて，さいころを投げるときは出る目の数を持ち点に加え，硬貨を投げるときは，表ならば持ち点を2倍にし，裏ならばそのままとする。さいころ，硬貨，さいころの順に計3回投げるとき，持ち点の期待値を求めよ。

ガイド 最初と最後に投げるさいころの目の数を，それぞれ X_1，X_2 とし，硬貨を投げるとき，表ならば2，裏ならば1をとる確率変数を Y とすると，持ち点は X_1Y+X_2 で表される。確率変数の和の期待値，独立な確率変数の積の期待値を利用する。

解答 最初と最後に投げるさいころの目の数を，それぞれ X_1，X_2 とし，硬貨を投げるとき，表ならば2，裏ならば1をとる確率変数を Y とすると，X_1 と Y の確率分布は，それぞれ次の表のようになる。

X_1	1	2	3	4	5	6	計
P	$\frac{1}{6}$	$\frac{1}{6}$	$\frac{1}{6}$	$\frac{1}{6}$	$\frac{1}{6}$	$\frac{1}{6}$	1

Y	1	2	計
P	$\frac{1}{2}$	$\frac{1}{2}$	1

X_2 の確率分布は X_1 と同様であるから，X_1 と X_2 の期待値は，

$$E(X_1)=E(X_2)=1\cdot\frac{1}{6}+2\cdot\frac{1}{6}+3\cdot\frac{1}{6}+4\cdot\frac{1}{6}+5\cdot\frac{1}{6}+6\cdot\frac{1}{6}=\frac{21}{6}=\frac{7}{2}$$

Yの期待値は，　$E(Y)=1\cdot\frac{1}{2}+2\cdot\frac{1}{2}=\frac{3}{2}$

また，持ち点をZとすると，$Z=X_1Y+X_2$ である。

X_1とYは独立であるから，持ち点の期待値は，

$$E(Z)=E(X_1Y+X_2)=E(X_1)E(Y)+E(X_2)=\frac{7}{2}\cdot\frac{3}{2}+\frac{7}{2}=\mathbf{\frac{35}{4}}$$

☐ **7** 教科書 p.98

Aの袋には赤玉が2個，白玉が1個，Bの袋には赤玉が1個，白玉が3個入っている。1個のさいころを投げて，3の倍数の目が出たらAの袋から，そうでないときはBの袋から玉を1個取り出す。ただし，取り出した玉はもとに戻すものとするとき，次の問いに答えよ。

(1)　1回の試行で赤玉が出る確率を求めよ。

(2)　7回の試行で赤玉が出る回数をXとするとき，Xの期待値と標準偏差を求めよ。

ガイド　(2)　Xは二項分布に従う。

解答　(1)　3の倍数の目が出て，Aの袋から赤玉を取り出す場合と，3の倍数以外の目が出て，Bの袋から赤玉を取り出す場合があり，これらは互いに排反であるから，求める確率は，

$$\frac{1}{3}\cdot\frac{2}{3}+\frac{2}{3}\cdot\frac{1}{4}=\frac{2}{9}+\frac{1}{6}=\mathbf{\frac{7}{18}}$$

(2)　Xは二項分布 $B\left(7,\ \frac{7}{18}\right)$ に従うから，

期待値は，　$7\cdot\frac{7}{18}=\mathbf{\frac{49}{18}}$

標準偏差は，　$\sqrt{7\cdot\frac{7}{18}\cdot\frac{11}{18}}=\sqrt{\frac{7^2\cdot11}{18^2}}=\mathbf{\frac{7\sqrt{11}}{18}}$

☐ **8** 教科書 p.98

確率変数Xのとり得る値の範囲が $-1\leqq X\leqq 1$ で，確率密度関数が $f(x)=1-|x|$ であるとき，次の問いに答えよ。

(1)　$P\left(-\frac{3}{4}\leqq X\leqq\frac{1}{4}\right)$ を求めよ。

(2)　$P(|X|\geqq\alpha)=\frac{1}{4}$ となるαの値を求めよ。

ガイド $|x|=\begin{cases} x\ (x\geqq 0) \\ -x\ (x\leqq 0) \end{cases}$ と $-1\leqq x\leqq 1$ より，$f(x)=\begin{cases} 1-x\ (0\leqq x\leqq 1) \\ 1+x\ (-1\leqq x\leqq 0) \end{cases}$

(2) $y=\begin{cases} 1-x\ (0\leqq x\leqq 1) \\ 1+x\ (-1\leqq x\leqq 0) \end{cases}$ のグラフの y 軸に関する対称性に着目する。

解答 $f(x)=\begin{cases} 1-x\ (0\leqq x\leqq 1) \\ 1+x\ (-1\leqq x\leqq 0) \end{cases}$

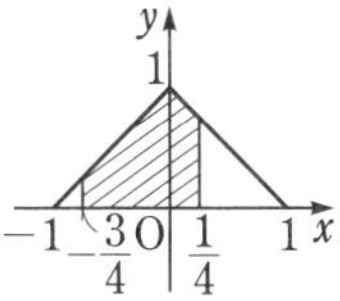

(1) $P\left(-\frac{3}{4}\leqq X\leqq \frac{1}{4}\right)$

$=\int_{-\frac{3}{4}}^{0}(1+x)\,dx+\int_{0}^{\frac{1}{4}}(1-x)\,dx$

$=\left[x+\frac{1}{2}x^2\right]_{-\frac{3}{4}}^{0}+\left[x-\frac{1}{2}x^2\right]_{0}^{\frac{1}{4}}$

$=-\left(-\frac{3}{4}+\frac{9}{32}\right)+\left(\frac{1}{4}-\frac{1}{32}\right)=\boldsymbol{\frac{11}{16}}$

(2) $-1\leqq X\leqq 1$ であるから，$\alpha\leqq 0$ ならば，$P(|X|\geqq\alpha)=1$，$\alpha\geqq 1$ ならば，$P(|X|\geqq\alpha)=0$ である。よって，$P(|X|\geqq\alpha)=\frac{1}{4}$ を満たす α は $0<\alpha<1$ の範囲にある。

分布曲線 $y=\begin{cases} 1-x\ (0\leqq x\leqq 1) \\ 1+x\ (-1\leqq x\leqq 0) \end{cases}$ の y 軸に関する対称性により，

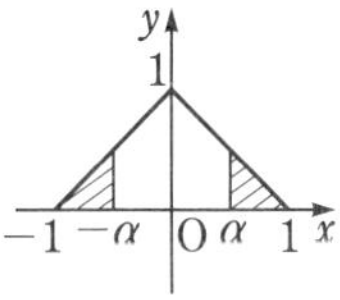

$P(|X|\geqq\alpha)=2\int_{\alpha}^{1}(1-x)\,dx=2\left[x-\frac{1}{2}x^2\right]_{\alpha}^{1}$

$=2\left\{\left(1-\frac{1}{2}\right)-\left(\alpha-\frac{1}{2}\alpha^2\right)\right\}=1-2\alpha+\alpha^2=(\alpha-1)^2$

$P(|X|\geqq\alpha)=\frac{1}{4}$ より，　$(\alpha-1)^2=\frac{1}{4}$

したがって，　$\alpha-1=\pm\frac{1}{2}$　$0<\alpha<1$ より，　$\alpha=\boldsymbol{\frac{1}{2}}$

□ **9** 教科書 p.98

ある意見に対する賛成の比率は，これまでの経験から，0.3 であることが知られている。この意見についての賛成の母比率を調査するにあたり，信頼度 95% の信頼区間の幅が 0.1 に最も近くなるような標本の大きさで推定したい。このとき，標本の大きさ n を求めよ。

ガイド 信頼度 95% の信頼区間

$$\left[p_0-1.96\times\sqrt{\frac{p_0(1-p_0)}{n}},\ p_0+1.96\times\sqrt{\frac{p_0(1-p_0)}{n}}\right]$$

の幅は，$\left(p_0+1.96\times\sqrt{\dfrac{p_0(1-p_0)}{n}}\right)-\left(p_0-1.96\times\sqrt{\dfrac{p_0(1-p_0)}{n}}\right)$

解答 標本比率は 0.3 であるから，母比率 p に対する信頼度 95% の信頼区間の幅を L とすると，

$$L=\left(0.3+1.96\times\sqrt{\frac{0.3(1-0.3)}{n}}\right)-\left(0.3-1.96\times\sqrt{\frac{0.3(1-0.3)}{n}}\right)$$

$$=3.92\times\sqrt{\frac{0.21}{n}}$$

ここで，L が 0.1 に最も近い $\Longleftrightarrow$ $|L^2-0.1^2|$ が最小であるから，$f(n)=|L^2-0.1^2|$ とおけば，

$f(n)=\left|3.92^2\cdot\dfrac{0.21}{n}-0.01\right|=0.01\left|\dfrac{3.92^2\cdot 21}{n}-1\right|$ であり，$f(n)=0$ となる n の値は，$n=3.92^2\cdot 21=322.6944$ なので，$f(n)$ は $n=322$ または 323 で最小となる。

ここで，$f(322)=0.01\left|\dfrac{3.92^2\cdot 21}{322}-1\right|=0.01\times 0.0021\cdots\cdots$

$f(323)=0.01\left|\dfrac{3.92^2\cdot 21}{323}-1\right|=0.01\times 0.0009\cdots\cdots$

より，$f(322)>f(323)$ なので，題意を満たす n は，　$\boldsymbol{n=323}$

第3章　数学と社会生活

第1節　数学と社会生活

1　関数によるデータの近似

問 1　オリンピックにおける男子と女子の100 m 競走の優勝者の記録について，オリンピックの開催年を x，記録を y (秒) とするとき，男子と女子の記録の回帰直線はそれぞれ次のようになる。

教科書 p.102

男子：直線 $y=-0.0097x+29.34$

女子：直線 $y=-0.0124x+35.64$

上の回帰直線を利用して，次の年における100 m 競走の男子の記録と女子の記録をそれぞれ予測せよ。

(1)　2100年　　(2)　2400年

ガイド　グラフに表したデータを1つの直線で近似するとき，このような直線を**回帰直線**という。上の回帰直線の式に $x=2100$ や $x=2400$ を代入して y の値を求めればよい。

解答　(1)　男子　$y=-0.0097\times2100+29.34=8.97$ より，**8.97秒**

女子　$y=-0.0124\times2100+35.64=9.60$ より，**9.60秒**

(2)　男子　$y=-0.0097\times2400+29.34=6.06$ より，**6.06秒**

女子　$y=-0.0124\times2400+35.64=5.88$ より，**5.88秒**

⚠注意　回帰直線はあくまで得られたデータを直線に近似するという前提のもとで得られたものにすぎない。このため，現実とは異なる結果となることもある。また，教科書では得られたデータを回帰直線によって近似すること自体が妥当かどうかの検討はされていない。本問の結果は前提を極端に単純化した場合の計算結果であり，西暦2100年や2400年における実際の記録が本当にこのようになるかどうかは，また別の話であると考えたほうがよい。

問 2 ある自動車の速度と停止距離について，速度を時速 x km，停止距離を y m とするとき，次のような回帰曲線が得られる。

教科書 p.103

$$y=0.0102x^2+0.0803x+2.7476$$

上の回帰曲線を利用して，この自動車が時速 120 km のときの停止距離を予測せよ。

ガイド グラフに表したデータをある曲線で近似するとき，このような曲線を**回帰曲線**という。上の回帰曲線の式に $x=120$ を代入する。

解答 $y=0.0102\times120^2+0.0803\times120+2.7476$

$=146.88+9.636+2.7476=159.2636$

よって，　**159.2636 m**

注意 停止距離とは，運転手が止まろうと思ってから，ブレーキを踏んで実際に車が止まるまでに移動する距離である。

2 大きな飼育場を作ろう

問 3 飼育場の形を次の形にしたときの面積を求め，半円形にしたときの面積の方が大きくなることを確かめよ。

教科書 p.105

(1)　正方形　　(2)　正三角形

ガイド まず，飼育場を半円形にしたときの面積を求める。また，飼育場を正 n 角形にするとき，1つの辺は壁になるので，1辺の長さは $\dfrac{20}{n-1}$ m となることに注意する。

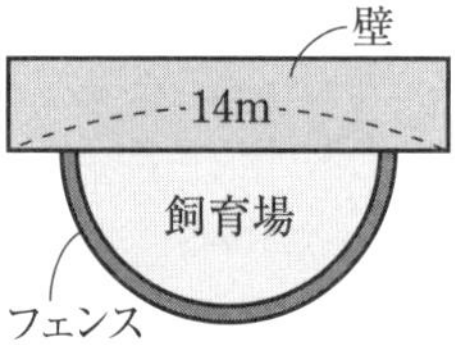

解答 飼育場を半円形にしたとき，その半径を r m とすると，

$\dfrac{1}{2}\times2\pi r=20$ より，$r=\dfrac{20}{\pi}$ なので，その面積は，

$$\frac{1}{2}\times\pi\times\left(\frac{20}{\pi}\right)^2=\frac{200}{\pi}\fallingdotseq63.7\ (\mathrm{m}^2)\quad\cdots\cdots①$$

(1)　飼育場を正方形にするとき，1辺の長さは $\dfrac{20}{3}$ m なので，その面積は，　$\left(\dfrac{20}{3}\right)^2=\dfrac{400}{9}\fallingdotseq44.4\ (\mathrm{m}^2)$

よって，①より，半円形にしたときの面積の方が大きい。

(2)　飼育場を正三角形にするとき，1辺の長さは，$\dfrac{20}{2}=10$ (m) なので，その面積は，　$\dfrac{1}{2}\times10\times10\times\sin60°=25\sqrt{3}\fallingdotseq43.3$ (m^2)

よって，①より，半円形にしたときの面積の方が大きい。

問 4　教科書 p.105

縦 7 m，横 10 m の壁に右の図のように長さ 10 m のフェンスを設置して，飼育場を作るとき，次の場合において飼育場の面積が最大となるには，フェンスをどのように設置すればよいか。

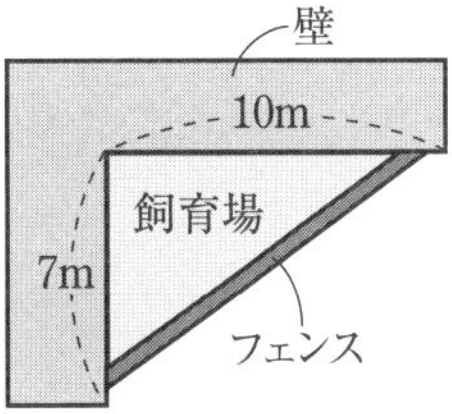

(1)　飼育場の形を直角三角形にする。

(2)　飼育場の形は何でもよい。

ガイド　(1)　直角三角形の直角をはさむ辺のうちの1つの長さを x m とし，他方の辺の長さを x で表したうえで，直角三角形の面積を x で表し，2次関数の最大値を求める問題に帰着させる。

(2)　教科書 p.105 の 12〜13 行目で述べられている「半円形にすると面積が最大となる」ということを利用できないか考える。

解答　(1)　7 m の壁と重なっている直角三角形の辺の長さを x m とすると，

$0<x\leqq7$　……①

また，10 m の壁と重なっている辺の長さは，

$\sqrt{10^2-x^2}=\sqrt{100-x^2}$ (m)　……②

よって，飼育場の面積を S m^2 とおくと，

$$S=\frac{1}{2}x\sqrt{100-x^2}=\frac{1}{2}\sqrt{-x^4+100x^2}$$

$x^2=t$ とおくと，①より，$0<t\leqq49$ であり，

$S=\dfrac{1}{2}\sqrt{-t^2+100t}=\dfrac{1}{2}\sqrt{-(t-50)^2+2500}$ より，S は $t=49$，すなわち，$x=7$ のとき最大となる。よって，②より，**直角をはさむ辺の長さが 7 m，$\sqrt{51}$ m となるように設置すればよい。**

(2) フェンスの長さが10 mであることに着目すれば，この問題は，フェンスの部分の長さが20 mで，右の図のような直線ℓを対称軸にもつ線対称な図形の面積が最大となる場合を考えることに帰着できる。ただし，右の図において，$0 \leqq d \leqq 7$ ……③ である。

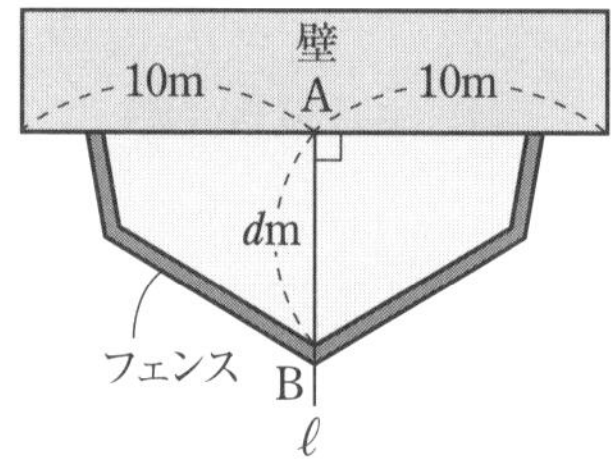

教科書 p.105 の12〜13行目の記述により，飼育場の形を半円形にするとき面積が最大になる。また，半円は線対称な図形であり，図のABにあたる長さは半径に等しく，$\dfrac{20}{\pi}=6.36\cdots\cdots$ (m) なので，③を満たしている。

したがって，対称性により，10 mのフェンスを本問のように設置するとき，飼育場の面積が最大になるのは，飼育場の形を，**中心角が 90°，半径が $\dfrac{20}{\pi}$ m の扇形**になるようにしたときになる。

3 マンホールのふたと定幅図形

問 5 マンホールのふたが正三角形や正方形だった場合，ふたが穴に落ちてしまう可能性があることを示せ。

教科書 p.106

ガイド 転がしたときの高さがつねに一定となる図形を**定幅図形**(ていふく)といい，その高さを定幅図形の**幅**という。円は定幅図形であり，その幅は直径に一致する。

マンホールのふたと穴が定幅図形ならば，ふたをどのような向きで入れようとしても，入れる部分の幅は定幅図形の幅以下なので，ふたは穴に落ちることはない。本問では，逆に，正三角形や正方形のふたをある向きから穴に入れることができることを示すことになる。まず，これらの図形で長さのちがう部分を探す。

解答 <u>マンホールのふたが正三角形の場合</u>

1辺の長さを a とすると，高さは $\frac{\sqrt{3}}{2}a$ である。よって，右の図のようにすると，ふたは穴に落ちる可能性がある。

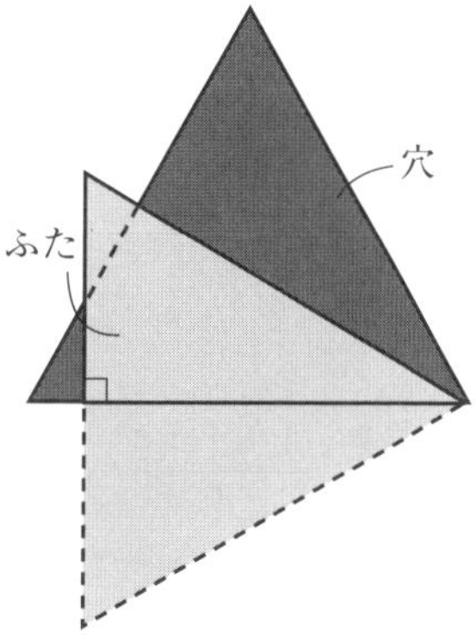

<u>マンホールのふたが正方形の場合</u>

1辺の長さを a とすると，対角線の長さは $\sqrt{2}a$ である。よって，右の図のようにすると，ふたは穴に落ちる可能性がある。

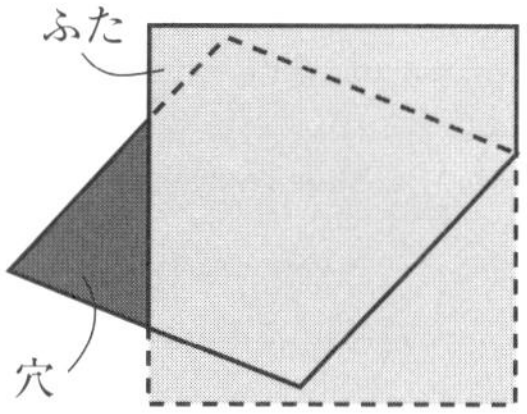

問 6 幅が1のルーローの五角形の周の長さ ℓ を求めよ。

教科書 p. 108

また，$\sin 36° \fallingdotseq 0.588$ であり，対角線の長さが1の正五角形の面積は，$\frac{3-\sqrt{5}}{8}\sqrt{25+10\sqrt{5}} \fallingdotseq 0.657$ であることを利用して，幅が1のルーローの五角形の面積 S の近似値を求めよ。

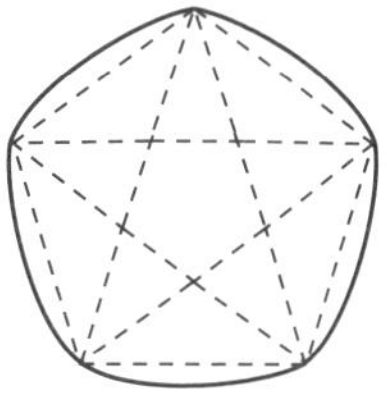

ガイド 定幅図形は円の他にも存在する。一般に，n が3以上の奇数のとき，正 n 角形の各頂点を中心とし，その対辺の両端をつなぐ円の弧を描くことで，定幅図形を作ることができる。

このようにしてできる図形を**ルーローの多角形**という。

たとえば，右の図は，ルーローの三角形とルーローの七角形である。

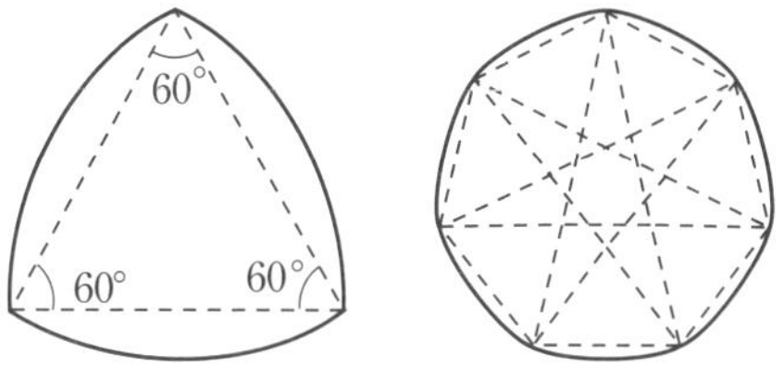

周の長さ ℓ は，右の図で，扇形 DAB の $\overset{\frown}{AB}$ の長さの 5 倍として求める。また，面積 S は，正五角形の面積と影の部分の面積の 5 倍との和として求める。影の部分の面積は，
(扇形 DAB の面積)−(△DAB の面積) として求める。

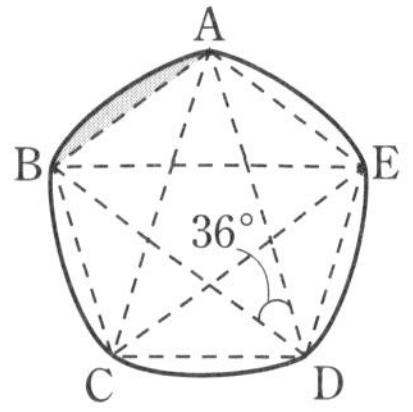
A
B
E
36°
C
D

解答 正五角形の 1 つの内角の大きさは，$180°\times(5-2)\div5=108°$ である。

右の図で，△CBD，△EDA に着目すれば，

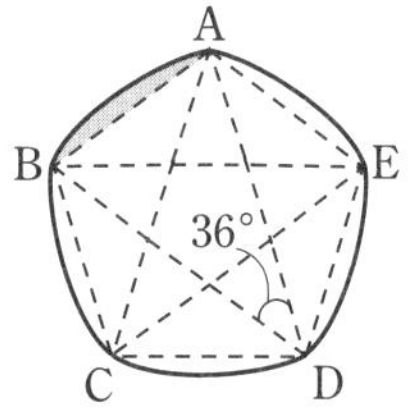
A
B
E
36°
C
D

$$\angle BDC=\angle EDA$$
$$=(180°-108°)\div2=36°$$

より，$\angle ADB=108°-36°\times2=36°$

よって，扇形 DAB において，

$\overset{\frown}{AB}=2\pi\times1\times\dfrac{36}{360}=\dfrac{\pi}{5}$ なので，

$$\ell=5\times\frac{\pi}{5}=\boldsymbol{\pi}$$

また，図の影の部分の面積を T とおくと，

$$T=(\text{扇形 DAB})-\triangle DAB=\pi\times1^2\times\frac{36}{360}-\frac{1}{2}\times1\times1\times\sin36°$$
$$=\frac{\pi}{10}-\frac{1}{2}\sin36°$$

したがって，$S=(\text{正五角形 ABCDE})+5T$

$$\fallingdotseq0.657+\frac{\pi}{2}-2.5\sin36°$$
$$\fallingdotseq0.657+1.571-1.470=\mathbf{0.758}$$

半径 r，中心角 $a°$ の扇形の
弧の長さは $2\pi r\times\dfrac{a}{360}$，
面積は $\pi r^2\times\dfrac{a}{360}$
だったね。

4　暗号

問 7　シーザー暗号による暗号文 PDWK を復号化せよ。

教科書 p.109

ガイド　暗号化された文を**暗号文**といい，暗号化される前の文を**平文**（ひらぶん）という。暗号文を平文に戻すことを復号化という。シーザー暗号の暗号化の手順は「アルファベットを3つ後ろにずらすこと」なので，復号化の手順は「アルファベットを3つ前にずらすこと」となる。

解答　P → M，D → A，W → T，K → H
となるので，平文は **MATH** である。

第3章 数学と社会生活

参考　公開鍵暗号を支える数学　〈発展〉

問 1　下の合同式の性質を利用して，3085 を 1997 乗して 5141 で割ったときの余りは 1209 であることを示せ。

教科書 p.112

ガイド　2つの整数 a，b を正の整数 m で割った余りが等しいとき，a と b は **m を法として合同**であるといい，$a \equiv b \pmod{m}$ のように表す。また，このような式を**合同式**という。たとえば，13，28 を 5 で割った余りはともに 3 で等しいので，$13 \equiv 28 \pmod{5}$ と表す。とくに，13 を 5 で割った余りが 3 であることは，3 を 5 で割った余りも 3 であることから，$13 \equiv 3 \pmod{5}$ と表す。

また，$a \equiv b \pmod{m}$ は，$a-b=mk$ を満たす整数 k が存在することと同値である。合同式については，一般に，次の性質が成り立つ。

ここがポイント　**［合同式の性質］**

a，b，c，d を整数，m，n を互いに素な正の整数とする。

1. $a \equiv b \pmod{m}$，$c \equiv d \pmod{m}$ ならば，
   (1) $a+c \equiv b+d \pmod{m}$，$a-c \equiv b-d \pmod{m}$
   (2) $ac \equiv bd \pmod{m}$
   (3) 任意の正の整数 k に対し，$a^k \equiv b^k \pmod{m}$
2. $a \equiv b \pmod{m}$ かつ $a \equiv b \pmod{n}$ ならば，
   $a \equiv b \pmod{mn}$

この性質を有効に利用することにより，計算量を大幅に減らすことができる。しかしながら，本問ではそれでも処理量は膨大になるため，すべてのプロセスを手計算で行うことは想定していない。適宜，計算機やコンピュータの計算ソフトなどを利用するとよい。また，以下の **解答** においては，計算過程を細かく示すと記述量が膨大になるもの，同様の計算や単純計算についてはその過程を省略している場合がある。

解答 $1997=1+2^2+2^3+2^6+2^7+2^8+2^9+2^{10}$ より，

$$3085^{1997}=3085\cdot3085^{2^2}\cdot3085^{2^3}\cdot3085^{2^6}\cdot3085^{2^7}$$
$$\cdot3085^{2^8}\cdot3085^{2^9}\cdot3085^{2^{10}} \quad \cdots\cdots①$$

であるから，3085^{2^k} $(k=0,\ 1,\ 2,\ \cdots\cdots,\ 10)$ を 5141 で割った余りを求めることを考える。

まず，3085 を 5141 で割った余りは 3085 である。

次に，$3085^2=9517225=5141\cdot1851+1234$ より，3085^2 を 5141 で割った余りは 1234 であり，$3085^2\equiv1234\ (\mathrm{mod}\ 5141)$ である。したがって，合同式の性質1(3)より，

$$3085^{2^2}=(3085^2)^2\equiv1234^2=1522756$$
$$=5141\cdot296+1020\equiv1020\ (\mathrm{mod}\ 5141)$$

であり，3085^{2^2} を 5141 で割った余りは 1020 である。

この手順を繰り返すことにより，$k=0,\ 1,\ 2,\ \cdots\cdots,\ 10$ に対し，3085^{2^k} を 5141 で割った余りが求まり，その結果をまとめると，次の表のようになる。

2^k	$2^0\ (=1)$	2	2^2	2^3	2^4	2^5	2^6	2^7	2^8	2^9	2^{10}
余り	3085	1234	1020	1918	2909	195	2038	4657	2911	1553	680

①に，この表の結果と合同式の性質1(2)を用いれば，

$$3085^{1997}\equiv3085\cdot1020\cdot1918\cdot2038\cdot4657\cdot2911$$
$$\cdot1553\cdot680\ (\mathrm{mod}\ 5141) \quad \cdots\cdots②$$

ここで，$3085\cdot1020=3146700=5141\cdot612+408$ より，

$$3085\cdot1020\equiv408\ (\mathrm{mod}\ 5141) \quad \cdots\cdots③$$

また，$408\cdot1918=782544=5141\cdot152+1112$ より，

$$408\cdot1918\equiv1112\ (\mathrm{mod}\ 5141) \quad \cdots\cdots④$$

よって，$1918\equiv1918\ (\mathrm{mod}\ 5141)$ と合同式の性質1(2)を用いれば，

③，④より，

$$3085\cdot1020\cdot1918\equiv408\cdot1918\equiv1112 \pmod{5141}$$

となる。この手順を繰り返すと，

$$3085\cdot1020\cdot1918\cdot2038\cdot4657\cdot2911\cdot1553\cdot680\equiv1209 \pmod{5141}$$

となる。よって，②より，$3085^{1997}\equiv1209 \pmod{5141}$ なので，3085を1997乗して5141で割った余りは1209である。

参考　本問を**解答**の方針で，計算機や計算ソフトなどを用いずに手計算で解き切るのは至難の業であるといえる。しかし，フェルマーの小定理を用いれば，次の**別解**のように，手計算が可能なレベルまで計算を省力化することができる。

ここがポイント　**[フェルマーの小定理]**

pを素数とし，aをpと互いに素な自然数とすると，

$$a^{p-1}\equiv1 \pmod{p}$$

別解のポイントは，$5141=53\cdot97$ であることから，まず，3085^{1997} を53，97で割った余りをそれぞれ求めることである。

別解　$3085=53\cdot58+11$，$3085=97\cdot31+78$ より，$3085\equiv11 \pmod{53}$，$3085\equiv78 \pmod{97}$ なので，合同式の性質[1](3)より，

$$3085^{1997}\equiv11^{1997} \pmod{53} \quad \cdots\cdots①$$

$$3085^{1997}\equiv78^{1997} \pmod{97} \quad \cdots\cdots②$$

ここで，フェルマーの小定理により，$11^{52}\equiv1 \pmod{53}$，$78^{96}\equiv1 \pmod{97}$ であり，$1997=52\cdot38+21$，$1997=96\cdot20+77$ なので，①，②より，

$$3085^{1997}\equiv11^{21} \pmod{53} \quad \cdots\cdots③$$

$$3085^{1997}\equiv78^{77} \pmod{97} \quad \cdots\cdots④$$

$$11^{21}=(11^3)^7=1331^7=(53\cdot25+6)^7\equiv6^7=6\cdot6^6=6\cdot216^2$$
$$=6(53\cdot4+4)^2\equiv6\cdot4^2=96\equiv43 \pmod{53} \quad \cdots\cdots⑤$$

$$78^{77}=(97-19)^{77}\equiv(-19)^{77}=-19\cdot19^{76}=-19\cdot361^{38}$$
$$=-19(97\cdot4-27)^{38}\equiv-19\cdot(-27)^{38}=-19\cdot(3^3)^{38}=-19\cdot3^{114}$$
$$=\underline{-19\cdot3^{96+18}\equiv-19\cdot3^{18}}=-19\cdot729^3=-19(97\cdot7+50)^3$$
$$\equiv-19\cdot50^3=-19\cdot5^3\cdot10^3=-19\cdot125\cdot1000$$
$$=-19(97+28)(97\cdot10+30)\equiv-19\cdot28\cdot30=-19\cdot840$$
$$=-19(97\cdot9-33)\equiv-19\cdot(-33)=627=97\cdot6+45$$
$$\equiv45 \pmod{97} \quad \cdots\cdots⑥$$

③，⑤より，3085^{1997} を 53 で割った余りは 43，④，⑥より，3085^{1997} を 97 で割った余りは 45 なので，m，n を整数として，

$3085^{1997}=53m+43$ ……⑦，$3085^{1997}=97n+45$ ……⑧ とおけ，

$53m+43=97n+45$ より，$53m=97n+2$，すなわち，

$53m\equiv 2 \pmod{97}$ ……⑨ となる。

ここで，$97m\equiv 0 \pmod{97}$ ……⑩ なので，⑩−⑨より，

$44m\equiv -2 \pmod{97}$ ……⑪

⑨−⑪より，$9m\equiv 4 \pmod{97}$，$45m\equiv 20 \pmod{97}$ ……⑫

⑫−⑪より，$m\equiv 22 \pmod{97}$

したがって，p を整数として，$m=97p+22$ とおけるので，これを⑦に代入すれば，

$$\begin{aligned}3085^{1997}&=53(97p+22)+43\\&=5141p+1209\end{aligned}$$

よって，3085^{1997} を 5141 で割った余りは 1209 である。

注意 〰〰 の変形においても，フェルマーの小定理を利用している。

別解を見ればわかるように，フェルマーの小定理は絶大の威力を発揮し，大きい数の計算処理量が**解答**と比べると大幅に減っていることがわかる。しかしながら，合同式の扱いにかなり慣れていないと，やはりそれなりに時間のかかる問題である。

参考 ⑨と同様にして，$97n\equiv -2 \pmod{53}$ が成り立ち，これから，$n\equiv 12 \pmod{53}$ が導かれ，$n=53q+12$（q は整数）とおける。

これを⑧に代入して，余りが 1209 になることを示してもよい。

問 2 教科書 110 ページの公開鍵暗号が，教科書 111 ページの方法で復号化できることを以下の手順で示せ。

教科書 p.113

(1) 整数 m を e 乗して n で割ったときの余り b が，$b\equiv m^e \pmod{n}$ を満たすことを示せ。

(2) k を正の整数とするとき，すべての正の整数 a に対し，

$$a^{kE(n)+1}\equiv a \pmod{p},\qquad a^{kE(n)+1}\equiv a \pmod{q}$$

が成り立つことを示せ。また，これを利用して，

$$a^{kE(n)+1}\equiv a \pmod{n}$$

が成り立つことを示せ。

(3) $b\equiv m^e \pmod{n}$ のとき，$b^d\equiv m \pmod{n}$ が成り立つことを示せ。

ガイド 教科書 p.110 の公開鍵と秘密鍵を作る手順を再確認する。まず，$n=pq$ であり，p，q は異なる素数であることを押さえておく。

(2) $a^{kE(n)+1}\equiv a \pmod p$ ……$(*)$ を示すことが，本問における最も重要なポイントとなる。まず，a と p が互いに素の場合とそうでない場合に場合分けする。

a と p が互いに素のときは，手順(II)の $E(n)=(p-1)(q-1)$ と，次のフェルマーの小定理を使って，$(*)$ の左辺を変形する。

> **ここがポイント** **[フェルマーの小定理]**
> p を素数とし，a を p と互いに素な自然数とすると，
> $$a^{p-1}\equiv 1 \pmod p$$

a と p が互いに素でないときは，p が素数であることから，a は p の倍数となることに着目する。

(3) 手順(IV)より，$de=E(n)y+1$ であることと，(2)の結果を利用する。

解答 (1) m^e を n で割った余りが b であるから，

$$m^e\equiv b \pmod n \quad \cdots\cdots①$$

①は，$m^e-b=nk$（k は整数）と同値であり，

$m^e-b=nk \iff b-m^e=n\cdot(-k)$ ……② となる。

$-k$ は整数であるから，②は $b\equiv m^e \pmod n$ と同値である。

(2) まず，$a^{kE(n)+1}\equiv a \pmod p$ を示す。

(i) <u>a と p が互いに素であるとき</u>

教科書 p.110 の手順(II)により，$E(n)=(p-1)(q-1)$ であるから，フェルマーの小定理により，

$$a^{kE(n)+1}=a^{k(p-1)(q-1)+1}=(a^{p-1})^{k(q-1)}\cdot a$$
$$\equiv 1^{k(q-1)}\cdot a=a \pmod p$$

すなわち，　$a^{kE(n)+1}\equiv a \pmod p$

(ii) <u>a と p が互いに素でないとき</u>

p は素数なので a は p の倍数であり，a，$a^{kE(n)+1}$ を p で割った余りはともに 0 である。よって，

$$a^{kE(n)+1}\equiv 0\equiv a \pmod p$$

(i)，(ii)より，すべての正の整数 a に対し，

$$a^{kE(n)+1}\equiv a \pmod p \quad \cdots\cdots③$$

同様にして，すべての正の整数 a に対し，

$a^{kE(n)+1} \equiv a \pmod{q}$ ……④

p, q は異なる素数であるから，③，④および合同式の性質2を利用して， $a^{kE(n)+1} \equiv a \pmod{pq}$

すなわち， $a^{kE(n)+1} \equiv a \pmod{n}$ ……⑤

(3) 教科書 p.110 の手順(IV)により， e は $dx - E(n)y = 1$ を満たす x の1つだから， $de = E(n)y + 1$

よって，$b \equiv m^e \pmod{n}$ のとき，合同式の性質1(3)より，

$b^d \equiv m^{ed} = m^{yE(n)+1}$ ……⑥

ここで，⑤において，$a = m$，$k = y$ とおけば，

$m^{yE(n)+1} \equiv m \pmod{n}$ なので，⑥より，

$b^d \equiv m \pmod{n}$

⚠注意 本問(3)において，$b \equiv m^e \pmod{n}$ は，m^e を n で割った余り b を求めること，つまり，公開鍵 (n, e) を用いて m を b に暗号化することを意味し，$b^d \equiv m \pmod{n}$ は，b^d を n で割った余りが m であること，つまり，秘密鍵 d と公開鍵 n によって，b を m に復号化することを意味している。

補足 本問(1)でも示しているように，一般に，

$a \equiv b \pmod{m} \iff b \equiv a \pmod{m}$ である。

問 3 教科書 p.113 $p = 53$, $q = 97$ とは他の異なる2つの素数を用いて，公開鍵と秘密鍵を作成せよ。そして，それを用いてメッセージを暗号化し，それを復号化せよ。

ガイド まず，2つの素数を決めたうえで，次のような構成で解答を書くとよい。

(i) 教科書 p.110 の手順(I)～(IV)に従って公開鍵と秘密鍵を作成する。

(ii) 文字と数字の対応を決定する。

(iii) 教科書 p.111 の上の手順に従って暗号化を行う。

(iv) 教科書 p.111 の下の手順に従って復号化を行う。

解答 (例) まず，2つの素数として，$p = 41$，$q = 71$ を選ぶ。

[公開鍵と秘密鍵の作成]

(I) $n = pq = 41 \cdot 71 = 2911$

(II) $E(n) = (p-1)(q-1) = 40 \cdot 70 = 2800$

(III)　$E(n)=2800$ と互いに素な正の整数として，$d=1867$ を選ぶ。

(IV)　$dx-E(n)y=1$，すなわち，$1867x-2800y=1$ を満たす正の整数の組の1つは $(x,\ y)=(3,\ 2)$ なので，$e=3$ とする。

以上により，公開鍵として，$(n,\ e)=(2911,\ 3)$，秘密鍵として，$d=1867$ が得られる。

［文字と数字の対応］

教科書 p.110 と同様に，アルファベットと数字の対応は，

A＝01，B＝02，……，Z＝26

であるとする。

以上の準備のもとに，「PORK」という文字列の暗号化と復号化を行う。

［暗号化］

PO → 16┊15 → 1615，RK → 18┊11 → 1811

$(n,\ e)=(2911,\ 3)$ を用いてこれらを暗号化する。

$$1615^2=2608225=2911\cdot 895+2880\equiv 2880 \pmod{2911}$$

より，

$$\begin{aligned}1615^3&\equiv 2880\cdot 1615=4651200=2911\cdot 1597+2333\\&\equiv 2333 \pmod{2911}\end{aligned}$$

$$1811^2=3279721=2911\cdot 1126+1935\equiv 1935 \pmod{2911}$$

より，

$$\begin{aligned}1811^3&\equiv 1935\cdot 1811=3504285=2911\cdot 1203+2352\\&\equiv 2352 \pmod{2911}\end{aligned}$$

よって，1615 → 2333，1811 → 2352 のように暗号化できた。

［復号化］

2333，2352 を $d=1867$，$n=2911$ を用いて復号化する。ここでは，合同式とフェルマーの小定理を用いる方法により，余りを求めることにする。

2333 の復号化

$$\begin{aligned}2333^{1867}&=(41\cdot 57-4)^{1867}\equiv(-4)^{1867}=-2^{3734}\\&=-2^{40\cdot 93+14}\equiv -2^{14}=-128^2=-(41\cdot 3+5)^2\\&\equiv -5^2=-25\equiv 16 \pmod{41}\end{aligned}$$

$$\begin{aligned}2333^{1867}&=(71\cdot 33-10)^{1867}\equiv(-10)^{1867}=-10^{1867}\\&=-10^{70\cdot 26+47}\equiv -10^{47}=-100\cdot 1000^{15}\\&\equiv -29(71\cdot 14+6)^{15}\equiv -29\cdot 6^{15}=-29\cdot 216^5\end{aligned}$$

$= -29(71\cdot 3+3)^5 \equiv -29\cdot 3^5 = -29\cdot 243$
$= -29(71\cdot 3+30) \equiv -29\cdot 30 = -870$
$= -(71\cdot 12+18) \equiv -18 \equiv 53 \pmod{71}$

したがって，2333^{1867} は整数 k，ℓ を用いて，
$2333^{1867}=41k+16$ ……①，$2333^{1867}=71\ell+53$ と表せて，
$41k+16=71\ell+53$ から，$41k=71\ell+37$，すなわち，
$41k \equiv 37 \pmod{71}$ ……② となる。これと
$71k \equiv 0 \pmod{71}$ ……③ を用いれば，③－② より，

$30k \equiv -37 \pmod{71}$ ……④

②－④ より，　$11k \equiv 74 \equiv 3 \pmod{71}$ ……⑤

⑤×3－④ より，　$3k \equiv 46 \pmod{71}$ ……⑥

⑥×4－⑤ より，　$k \equiv 181 = 71\cdot 2+39 \equiv 39 \pmod{71}$

よって，k は整数 m を用いて，$k=71m+39$ とおけ，①より，

$2333^{1867}=41(71m+39)+16=2911m+1615$

よって，2333^{1867} を 2911 で割った余りが 1615 なので，2333 → 1615 に復号化できた。

2352 の復号化

$2352^{1867}=(41\cdot 57+15)^{1867} \equiv 15^{1867}=15^{40\cdot 46+27} \equiv 15^{27}$
$=3^{27}\cdot 5^{27}=27\cdot 3^{24}\cdot 125^9=27\cdot 81^6(41\cdot 3+2)^9$
$\equiv 27(41\cdot 2-1)^6\cdot 2^9 \equiv 54\cdot(-1)^6\cdot 2^8 \equiv 13\cdot 256$
$=13(41\cdot 6+10) \equiv 130=41\cdot 3+7 \equiv 7 \pmod{41}$

$2352^{1867}=(71\cdot 33+9)^{1867} \equiv 9^{1867}=9^{70\cdot 26+47} \equiv 9^{47}=3^{94} \equiv 3^{24}$
$=81^6 \equiv 10^6=1000^2=(71\cdot 14+6)^2 \equiv 6^2$
$=36 \pmod{71}$

したがって，2352^{1867} は整数 k'，ℓ' を用いて，
$2352^{1867}=41k'+7$ ……⑦，$2352^{1867}=71\ell'+36$ と表せ，2333 の復号化のときと同様にして，$k'=71m'+44$（m' は整数）となるので，⑦より，　$2352^{1867}=41(71m'+44)+7$
$=2911m'+1811$
となり，2352 → 1811 に復号化できる。

以上により，1615 → 16¦15 → PO，1811 → 18¦11 → RK となる。

補足 本問の **解答** では，手計算で処理することも想定し，できるだけ合同式を用いることとしたが，計算機や表計算ソフトなどを使うことを前提として，**問 1** の **解答** と同様の方針で処理してもよい。

章末問題

1 教科書 p.114

教科書 102 ページで考えた，最小二乗法で回帰直線 $y=ax+b$ を求める方法は，次のように書き換えることができる。

> 異なる時点 x_i における測定値 y_i $(1\leqq i\leqq n)$ に対して，
>
> $$L=\frac{1}{n}\sum_{i=1}^{n}\{(ax_i+b)-y_i\}^2 \quad \cdots\cdots ①$$
>
> を最小にするような定数 a，b を求める。

注　和を表す記号 $\sum$ の定義と性質については，教科書 19 ページから 22 ページ参照。

2 つの変量 x，y の平均値をそれぞれ $\overline{x}=\frac{1}{n}\sum_{i=1}^{n}x_i$，$\overline{y}=\frac{1}{n}\sum_{i=1}^{n}y_i$

x と y の分散をそれぞれ $s_x{}^2=\frac{1}{n}\sum_{i=1}^{n}(x_i-\overline{x})^2$，$s_y{}^2=\frac{1}{n}\sum_{i=1}^{n}(y_i-\overline{y})^2$

x と y の共分散を $s_{xy}=\frac{1}{n}\sum_{i=1}^{n}(x_i-\overline{x})(y_i-\overline{y})$

とするとき，次の問いに答えよ。

(1)　$c=a\overline{x}+b-\overline{y}$ とするとき，①は，$L=s_x{}^2\left(a-\frac{s_{xy}}{s_x{}^2}\right)^2-\frac{s_{xy}{}^2}{s_x{}^2}+c^2+s_y{}^2$ と変形できることを示せ。

(2)　L を最小にするような定数 a，b は，$a=\frac{s_{xy}}{s_x{}^2}$，$b=\overline{y}-\frac{s_{xy}}{s_x{}^2}\overline{x}$ であることを示せ。

ガイド　(1)　証明すべき式を見ると，文字 b がないことがわかる。よって，まず，b を消去する。次に，$x_i-\overline{x}$ や $y_i-\overline{y}$ の形が現れるように $\{\quad\}$ の中の式を変形する。また，和や差，定数倍に関する $\sum$ の性質は次のようになる。

$$\sum_{i=1}^{n}(x_i+y_i)=\sum_{i=1}^{n}x_i+\sum_{i=1}^{n}y_i \quad \sum_{i=1}^{n}cx_i=c\sum_{i=1}^{n}x_i \quad (c\text{ は定数})$$

解答　(1)　$L=\frac{1}{n}\sum_{i=1}^{n}\{(ax_i+b)-y_i\}^2 \quad \cdots\cdots ①$

$$=\frac{1}{n}\sum_{i=1}^{n}\{a(x_i-\overline{x})+a\overline{x}+b-\overline{y}-(y_i-\overline{y})\}^2$$

$$=\frac{1}{n}\sum_{i=1}^{n}\{a(x_i-\overline{x})+c-(y_i-\overline{y})\}^2$$

$$=\frac{1}{n}\sum_{i=1}^{n}[a^2(x_i-\overline{x})^2+2a(x_i-\overline{x})\{c-(y_i-\overline{y})\}+\{c-(y_i-\overline{y})\}^2]$$

$$=\frac{1}{n}\sum_{i=1}^{n}\{a^2(x_i-\overline{x})^2+2ac(x_i-\overline{x})$$
$$-2a(x_i-\overline{x})(y_i-\overline{y})+c^2-2c(y_i-\overline{y})+(y_i-\overline{y})^2\}$$

$$=a^2\cdot\frac{1}{n}\sum_{i=1}^{n}(x_i-\overline{x})^2+2ac\cdot\frac{1}{n}\sum_{i=1}^{n}(x_i-\overline{x})$$
$$-2a\cdot\frac{1}{n}\sum_{i=1}^{n}(x_i-\overline{x})(y_i-\overline{y})+\frac{1}{n}\sum_{i=1}^{n}c^2$$
$$-2c\cdot\frac{1}{n}\sum_{i=1}^{n}(y_i-\overline{y})+\frac{1}{n}\sum_{i=1}^{n}(y_i-\overline{y})^2$$

$$=a^2{s_x}^2-2as_{xy}+c^2+{s_y}^2$$

$$={s_x}^2\left(a-\frac{s_{xy}}{{s_x}^2}\right)^2-\frac{{s_{xy}}^2}{{s_x}^2}+c^2+{s_y}^2$$

よって，①は，　$L={s_x}^2\left(a-\frac{s_{xy}}{{s_x}^2}\right)^2-\frac{{s_{xy}}^2}{{s_x}^2}+c^2+{s_y}^2$　……②

と変形できる。

(2)　②より，L は，

$a=\frac{s_{xy}}{{s_x}^2}$，$c=0$ のとき，

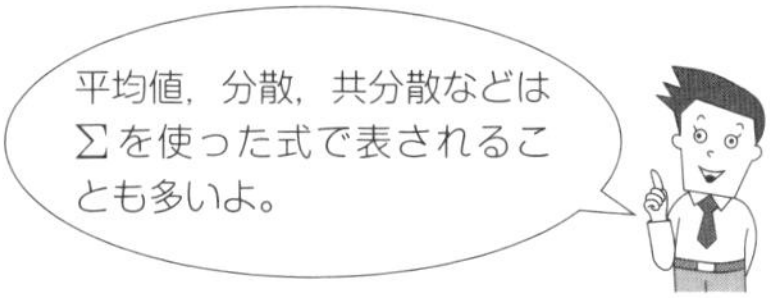
平均値，分散，共分散などは
Σを使った式で表されるこ
とも多いよ。

すなわち，$a=\frac{s_{xy}}{{s_x}^2}$，$b=-a\overline{x}+\overline{y}=\overline{y}-\frac{s_{xy}}{{s_x}^2}\overline{x}$ のとき最小値

$-\frac{{s_{xy}}^2}{{s_x}^2}+{s_y}^2=\frac{{s_x}^2{s_y}^2-{s_{xy}}^2}{{s_x}^2}$ をとる。

注意　偏差の和は 0 であることから，

$2ac\cdot\frac{1}{n}\sum_{i=1}^{n}(x_i-\overline{x})=2ac\cdot\frac{1}{n}\cdot 0=0$ である。同様にして，

$-2c\cdot\frac{1}{n}\sum_{i=1}^{n}(y_i-\overline{y})=0$ である。

2 教科書 p.114

Bさんが，教科書110ページの公開鍵と秘密鍵を作る手順に従って新しい公開鍵と秘密鍵を作り，それを用いて，Aさんが B さんに秘密のメッセージを送ったらしいとの極秘情報を入手した。秘密裏に調査した結果，ついに，教科書110ページの数字の割り当てに従ってメッセージを変換し，暗号化したという次の数字列を突きとめた。

0484 1251 0992 0648 3043 2211 2723 2550

B さんの公開鍵は $n=3551$，$e=1373$ である。この暗号を解読せよ。

ガイド n は，$n=53\times67$ と素因数分解されるので，まず，教科書 p.110 の手順(II)に従って $E(n)$ を求める。復号化するためには，秘密鍵 d を特定することが必要であり，手順(IV)を考えれば，d，y についての方程式 $de-E(n)y=1$ の自然数解 $(d,\ y)$ を探すことになるが，本問の場合はこれが比較的容易に求まる設定になっている。

あとは，暗号化された整数をそれぞれ d 乗して n で割った余りを求めればよい。

解答 n は，$n=3551=53\times67$ と素因数分解されるから，

$$E(n)=(53-1)(67-1)=52\cdot66=3432$$

次に，秘密鍵 d を見つけるために，$ed-E(n)y=1$，すなわち，
$1373d-3432y=1$ ……① を満たす正の整数 d，y を探す。

ユークリッドの互除法により，

$$3432=1373\cdot2+686 \Longrightarrow 686=3432-1373\cdot2 \quad \cdots\cdots②$$

$$1373=686\cdot2+1 \Longrightarrow 1=1373-686\cdot2 \quad \cdots\cdots③$$

②，③より，$1=1373-(3432-1373\cdot2)\cdot2$，すなわち，
$1373\cdot5-3432\cdot2=1$ なので，$(d,\ y)=(5,\ 2)$ は方程式①の解であり，秘密鍵は $d=5$ とわかる。

したがって，暗号化されたそれぞれのブロックの数字列を整数とみて，それらを5乗して3551で割った余りは右の表のようになり，3桁の整数については最初に0を補うことにより，これらは復号化された数字列となる。

ブロック	余り
0484	801
1251	1616
0992	2500
0648	209
3043	1820
2211	804
2723	125
2550	2900

よって，教科書 p.110 の文字や記号に対する数字の割り当てから，

08┆01 → HA，16┆16 → PP

25┆00 → Y□，02┆09 → BI

18┊20 → RT, 08┊04 → HD

01┊25 → AY, 29┊00 → !□

したがって，暗号を解読すると次のようになる。

HAPPY BIRTHDAY!

⚠注意 暗号化された整数を5乗して3551で割った余りを求める作業を手計算で行う場合は，次のようにするとよい。以下は，1251の場合の例である。なお，(mod 3551) は省略している。

$1251^2=1565001=3551\cdot440+2561\equiv-990$

$1251^4\equiv(-990)^2=980100=3551\cdot276+24\equiv24$

$1251^5\equiv1251\cdot24=30024=3551\cdot8+1616\equiv1616$

参考 **解答**における方程式①の自然数解は，tを0以上の整数として，$(d,\ y)=(3432t+5,\ 1373t+2)$ であるので，秘密鍵dの設定の仕方は無数にある。しかし，dがどのように設定されていたとしても，暗号の解読結果は同じである。

たとえば，ある自然数m (53や67と互いに素) に対し，

$m^5\equiv p \pmod{3551}$ ……④ であるとする。このとき，

$d=3432t+5$ $(t\geqq1)$ に対し，$m^d=m^{3432t+5}=m^{52\cdot66t+5}$ であるが，フェルマーの小定理により，

$m^d=(m^{52})^{66t}\cdot m^5\equiv1^{66t}\cdot m^5=m^5 \pmod{53}$ ……⑤

$m^d=(m^{66})^{52t}\cdot m^5\equiv1^{52t}\cdot m^5=m^5 \pmod{67}$ ……⑥

なので，⑤，⑥より，$m^d\equiv m^5 \pmod{53\cdot67}$，すなわち，

$m^d\equiv m^5 \pmod{3551}$ となる。よって，④より，$m^d\equiv p \pmod{3551}$ となるので，dがどのように設定されていても復号化した結果は同じになり，暗号の解読結果に変わりはないことがわかる。

探究編

等差数列の和の最大・最小

問 初項 -123，公差 5 の等差数列において，初項から第何項までの和が最小であるか求めよ。

教科書 p.117

ガイド この等差数列の初項は負であり，公差は正であるので，負の数である項を加えているうちは和は減少を続けるが，正の数である項を加え始めると和は増加に転じる。このことから，一般項 a_n の符号に着目し，$a_n \leqq 0$ を満たす最大の n を求めればよい。

解答 この等差数列の一般項を a_n とすると，

$$a_n = -123 + (n-1)\cdot 5 = 5n - 128$$

$a_n \leqq 0$ となるのは，

$5n - 128 \leqq 0$　　すなわち，$n \leqq \dfrac{128}{5} = 25 + \dfrac{3}{5}$ のときである。

したがって，**初項から第 25 項までの和**が最小となる。

挑戦 1 初項 30，公差 -4 の等差数列 $\{a_n\}$ において，初項から第 n 項までの和を S_n とするとき，次の問いに答えよ。

教科書 p.117

(1) S_n が最大となるような自然数 n を求めよ。

(2) (1)で求めた自然数 n を p とするとき，$|S_n| > S_p$ を満たす最小の自然数 n を求めよ。

ガイド (1) $a_n \geqq 0$ を満たす最大の n を求める。

(2) まず，初項 a，公差 d，項数 n の等差数列の和の公式

$S_n = \dfrac{1}{2}n\{2a + (n-1)d\}$ を用いて S_p を求め，S_n を n の 2 次式で表す。次に場合分けに注意して，不等式 $|S_n| > S_p$ を満たす n を求める。絶対値を含む関数のグラフを考えるとイメージがしやすい。

解答 (1) 等差数列 $\{a_n\}$ の一般項は，

$$a_n = 30 + (n-1)\cdot(-4) = -4n + 34$$

$a_n \geqq 0$ となるのは，

$-4n+34 \geqq 0$ 　すなわち，$n \leqq \dfrac{17}{2}=8+\dfrac{1}{2}$ のときである。

したがって，S_n が最大となる自然数 n は，　$\boldsymbol{n=8}$

(2) $S_p=S_8=\dfrac{1}{2}\cdot 8\cdot\{2\cdot 30+(8-1)\cdot(-4)\}=4\cdot 32=128$

$S_n=\dfrac{1}{2}n\{2\cdot 30+(n-1)\cdot(-4)\}=-2n^2+32n$

よって，$|S_n|>S_p$ より，　$|-2n^2+32n|>128$,

すなわち，　$|n^2-16n|>64$ ……①

<u>$1 \leqq n \leqq 16$ のとき</u>

$|n^2-16n|=-n^2+16n=-(n-8)^2+64 \leqq 64$ だから，①を満たす n は存在しない。

<u>$n \geqq 17$ のとき</u>

$|n^2-16n|=n^2-16n$ であるから，①より，

$n^2-16n-64>0$

$n \geqq 17$ であることから，

$n>8+8\sqrt{2}$ ……②

これを満たす最小の自然数 n を求めればよい。

$11<8\sqrt{2}<12$ より，

$19<8+8\sqrt{2}<20$ なので，②を満たす最小の自然数 n は，　$\boldsymbol{n=20}$

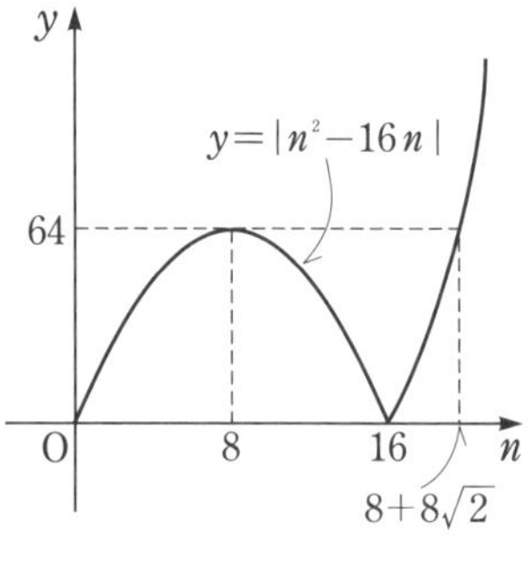

多様性を養おう

教科書 **p.117** n が 6 以上の自然数のとき，$a_n=\dfrac{(n-4)(n-5)}{n(n-1)(n-2)}$ の最大値を求めてみよう。

ガイド a_n の式自体を変形して考えようとしてもうまくいかない。こういう場合には，a_n と a_{n+1} の関係を調べる。すなわち，$a_{n+1}-a_n$ の値や $\dfrac{a_{n+1}}{a_n}$ の値を調べてみるとよい。たとえば，以下の **解答** のように，$\dfrac{a_{n+1}}{a_n}$ と 1 との大小を比較することにより，$a_{n+1}>a_n$ などの 2 項間の関係が導ける。

解答 $a_n=\dfrac{(n-4)(n-5)}{n(n-1)(n-2)}$ ……① より,

$$\frac{a_{n+1}}{a_n}=\frac{(n-3)(n-4)}{(n+1)\cdot n\cdot(n-1)}\cdot\frac{n(n-1)(n-2)}{(n-4)(n-5)}=\frac{(n-2)(n-3)}{(n+1)(n-5)}$$

$n\geqq 6$ であることに注意すると,

$a_{n+1}>a_n$, すなわち, $\dfrac{a_{n+1}}{a_n}>1$ となるのは,

$$\frac{(n-2)(n-3)}{(n+1)(n-5)}>1,\ (n-2)(n-3)>(n+1)(n-5),$$

$-n>-11$ より, $6\leqq n<11$ のときである。

同様にして,

$a_{n+1}=a_n$, すなわち, $\dfrac{a_{n+1}}{a_n}=1$ となるのは, $n=11$ のときであり,

$a_{n+1}<a_n$, すなわち, $\dfrac{a_{n+1}}{a_n}<1$ となるのは, $n>11$ のときである。

したがって,

$$a_6<a_7<\cdots\cdots<a_{10}<a_{11}=a_{12}>a_{13}>a_{14}>\cdots\cdots$$

となるので, a_n は $n=11$, 12 のときに最大となり, その最大値は,

①より, $a_{11}(=a_{12})=\dfrac{7\cdot 6}{11\cdot 10\cdot 9}=\boldsymbol{\dfrac{7}{165}}$

参考 $a_{n+1}-a_n$ と 0 との大小を比較してもよい。

$$\begin{aligned}a_{n+1}-a_n&=\frac{(n-3)(n-4)}{(n+1)\cdot n\cdot(n-1)}-\frac{(n-4)(n-5)}{n(n-1)(n-2)}\\&=\frac{(n-4)\{(n-3)(n-2)-(n-5)(n+1)\}}{n(n-1)(n-2)(n+1)}\\&=-\frac{(n-4)(n-11)}{n(n-1)(n-2)(n+1)}\end{aligned}$$

なので, たとえば, $a_{n+1}>a_n$, すなわち, $a_{n+1}-a_n>0$ となるのは,
$n\geqq 6$ より, $6\leqq n<11$ のときとわかる。

探究編

漸化式の有用性　―ハノイの塔を通して―

問 教科書 p.118

右の図のように，台の上に3本の棒 A，B，C が固定されていて，異なる大きさの n 枚の円盤が棒Aの位置に大きい順に下から上へ積み重ねられている。次のルールにしたがって円盤を移動する。

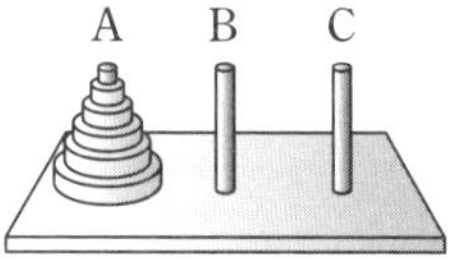

1. 1回に1枚の円盤しか移動できない。
2. 小さい円盤の上に大きい円盤をおいてはいけない。
3. 棒以外のところに円盤をおかない。

このとき，棒Aの位置にある n 枚の円盤すべてが棒Cに移動するのに必要な最小移動回数を a_n とする。$a_4=15$，$a_5=31$ となることを，実際に円盤を動かすことで確かめよ。

ガイド まず，教科書 p.118 にある $a_3=7$ を求める場合の図を観察してみる。

$n=3$ のとき　$a_3=7$

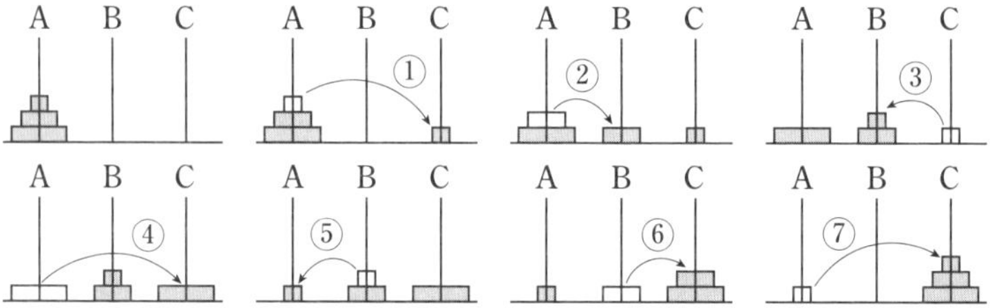

たとえば，④において，最大の円盤をCに移動させるために，③のように，他の円盤をBに集めており，さらに，そのために，①において，最小の円盤をCに移動させていることがわかる。同じようにして，まず，最大の円盤をCに移動させるために，他の円盤をどの棒に集めればよいかを逆にたどりながら考えるとよい。最大の円盤をCに移動させた後は，他の円盤はBに集まっており，AとBの役割は入れ替わる。同じようにして，Bにある2番目の大きさの円盤をCに移動させる手順を考えていけばよい。

解答　$n=4$ のとき

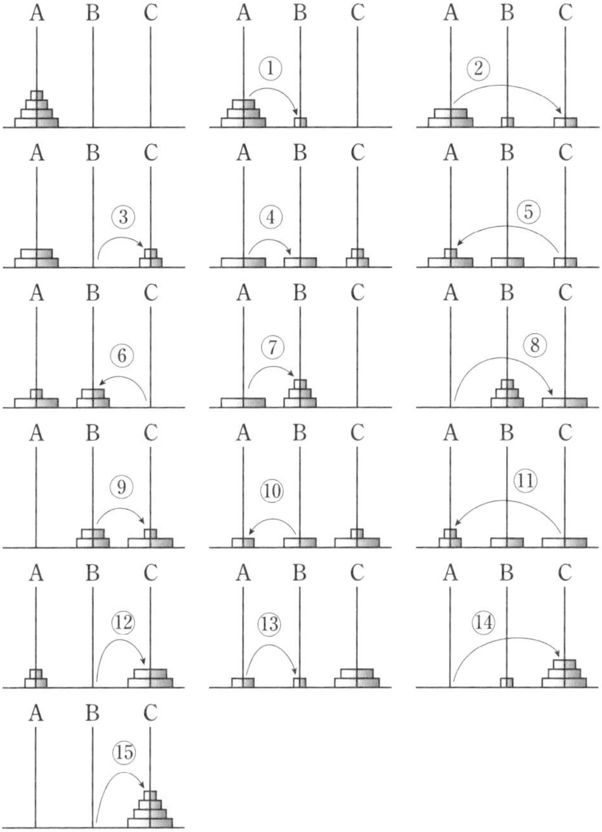

以上により，$a_4=15$ であることがわかる。

$n=5$ のとき

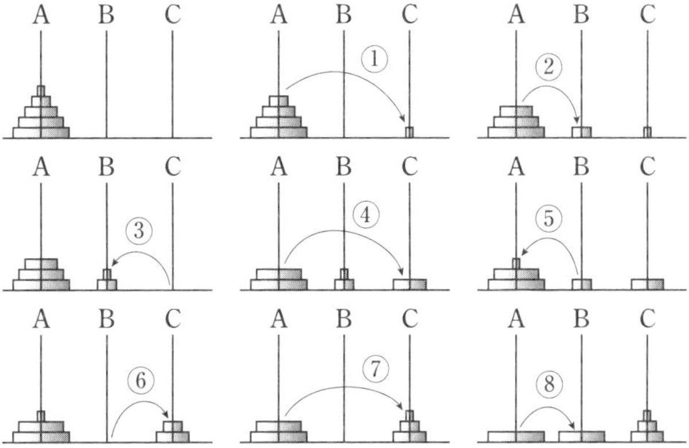

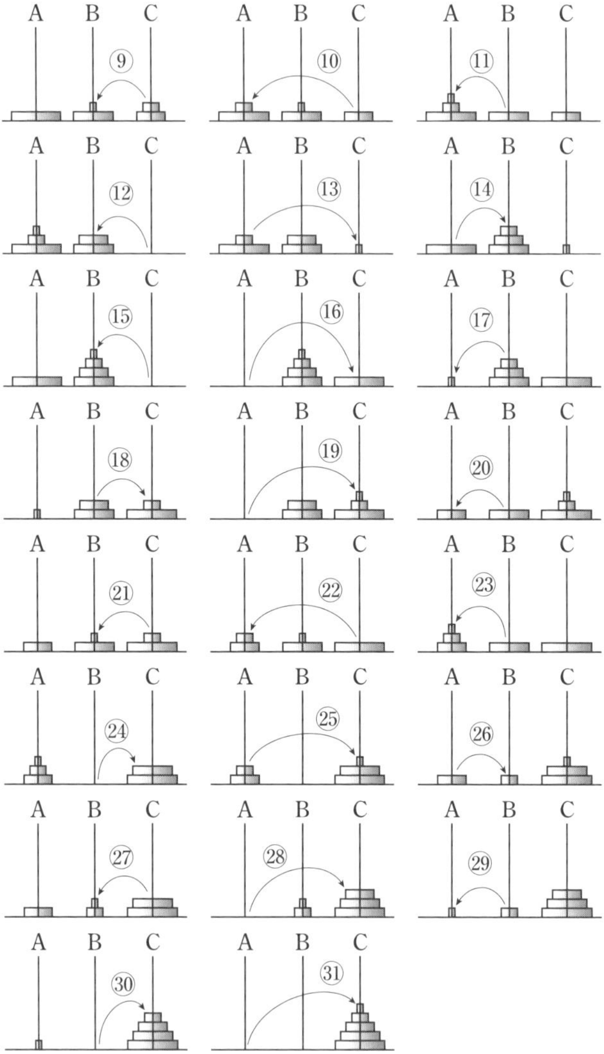

以上により，$a_5=31$ であることがわかる。

挑戦 2　数直線上を原点から出発して，次の規則で正の向きに移動する点Pがある。「1 個のさいころを投げて，3 の倍数の目が出たときは 2 進み，それ以外の目が出たときは 1 進む。」

教科書 p.119

さいころを n 回投げたとき，P の座標が偶数である確率を a_n とするとき，数列 $\{a_n\}$ の一般項を求めよ。

ガイド　漸化式の確率への応用問題である。まず，a_1 を求める。

次に，n 回目に座標が偶数である確率が a_n のとき，座標が奇数である確率は $1-a_n$ で表されることに注意し，右のような関係が成り立つことに着目して，$(n+1)$ 回目に座標が偶数である確率 a_{n+1} を a_n の式で表す。

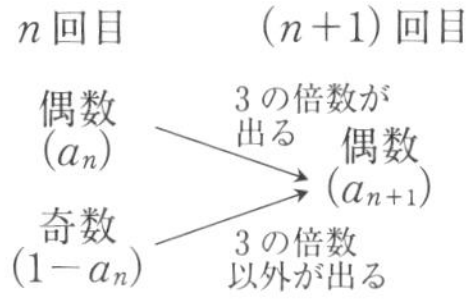

解答　さいころを 1 回投げるとき，3 の倍数の目が出る確率は，$\dfrac{2}{6}=\dfrac{1}{3}$，

3 の倍数以外の目が出る確率は，$1-\dfrac{1}{3}=\dfrac{2}{3}$ である。

1 回目でPの座標が偶数となるのは 3 の倍数の目が出たときであるから，　$a_1=\dfrac{1}{3}$

$(n+1)$ 回目でPの座標が偶数となるのは，n 回目でPの座標が偶数で，$(n+1)$ 回目に 3 の倍数の目が出るか，n 回目でPの座標が奇数で，$(n+1)$ 回目に 3 の倍数以外の目が出るときであるから，

$$a_{n+1}=a_n\cdot\frac{1}{3}+(1-a_n)\cdot\frac{2}{3}$$

すなわち，　$a_{n+1}=-\dfrac{1}{3}a_n+\dfrac{2}{3}$

これは，$a_{n+1}-\dfrac{1}{2}=-\dfrac{1}{3}\left(a_n-\dfrac{1}{2}\right)$ と変形できるから，数列 $\left\{a_n-\dfrac{1}{2}\right\}$ は，初項 $a_1-\dfrac{1}{2}=-\dfrac{1}{6}$，公比 $-\dfrac{1}{3}$ の等比数列である。

したがって，　$a_n-\dfrac{1}{2}=-\dfrac{1}{6}\cdot\left(-\dfrac{1}{3}\right)^{n-1}$

すなわち，　$\boldsymbol{a_n=\dfrac{1}{2}\cdot\left(-\dfrac{1}{3}\right)^n+\dfrac{1}{2}}$

多様性を養おう

教科書 p.119 $\triangle A_1B_1C_1$ から始めて，次のように三角形を作っていく。
「$\triangle A_nB_nC_n$ の内接円と 辺 B_nC_n，C_nA_n，A_nB_n の接点を，それぞれ A_{n+1}，B_{n+1}，C_{n+1} として，$\triangle A_{n+1}B_{n+1}C_{n+1}$ を作る。」
$\angle A_n=a_n$ とするとき，a_n を a_1 を用いて表してみよう。

ガイド 漸化式の図形への応用問題である。$\triangle A_{n+1}B_{n+1}C_{n+1}$ の角 $\angle A_{n+1}$ を $\angle A_n$ で表すことを考える。もとの $\triangle A_nB_nC_n$ の各辺が内接円の接線であることから，$\triangle B_nA_{n+1}C_{n+1}$，$\triangle C_nA_{n+1}B_{n+1}$ が二等辺三角形であることに注目するとよい。

解答 右の図で，$\triangle B_nA_{n+1}C_{n+1}$，$\triangle C_nA_{n+1}B_{n+1}$ は二等辺三角形なので，

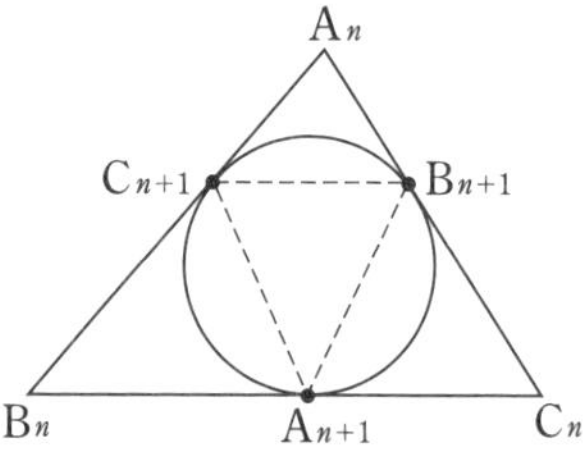

$$\angle B_nA_{n+1}C_{n+1}=\frac{1}{2}(180^\circ-\angle B_n)$$

$$\angle C_nA_{n+1}B_{n+1}=\frac{1}{2}(180^\circ-\angle C_n)$$

であるから，

$$\begin{aligned}\angle A_{n+1}&=\angle C_{n+1}A_{n+1}B_{n+1}\\&=180^\circ-\frac{1}{2}(180^\circ-\angle B_n)-\frac{1}{2}(180^\circ-\angle C_n)\\&=\frac{1}{2}(\angle B_n+\angle C_n)=\frac{1}{2}(180^\circ-\angle A_n)=90^\circ-\frac{1}{2}\angle A_n\end{aligned}$$

したがって，$a_{n+1}=90^\circ-\frac{1}{2}a_n$ であり，これを変形すると，

$$a_{n+1}-60^\circ=-\frac{1}{2}(a_n-60^\circ)$$

よって，数列 $\{a_n-60^\circ\}$ は初項 a_1-60°，公比 $-\frac{1}{2}$ の等比数列だから，$a_n-60^\circ=(a_1-60^\circ)\left(-\frac{1}{2}\right)^{n-1}$

すなわち，$\boldsymbol{a_n=(a_1-60^\circ)\left(-\frac{1}{2}\right)^{n-1}+60^\circ}$

漸化式と一般項

問 教科書121ページの①の両辺を 3^{n+1} で割ることで，教科書120ページの探究3を解け。

教科書 p. 121

ガイド $a_1=5,\ a_{n+1}=3a_n+2^{n+1}$ ……①

①の両辺を 3^{n+1} で割ると，$\dfrac{a_{n+1}}{3^{n+1}}=\dfrac{a_n}{3^n}+\left(\dfrac{2}{3}\right)^{n+1}$ であり，$c_n=\dfrac{a_n}{3^n}$ とおけば，数列 $\{c_n\}$ の階差数列の一般項が $\left(\dfrac{2}{3}\right)^{n+1}$ である。

解答 ①の両辺を 3^{n+1} で割ると，　$\dfrac{a_{n+1}}{3^{n+1}}=\dfrac{a_n}{3^n}+\left(\dfrac{2}{3}\right)^{n+1}$

ここで，数列 $\{c_n\}$ を $c_n=\dfrac{a_n}{3^n}$ とすると，この数列は，$c_1=\dfrac{a_1}{3^1}=\dfrac{5}{3}$，$c_{n+1}=c_n+\left(\dfrac{2}{3}\right)^{n+1}$ を満たし，階差数列の一般項が $\left(\dfrac{2}{3}\right)^{n+1}$ となる。

したがって，$n\geqq 2$ のとき，

$$c_n=c_1+\sum_{k=1}^{n-1}\left(\frac{2}{3}\right)^{k+1}=\frac{5}{3}+\sum_{k=1}^{n-1}\left(\frac{2}{3}\right)^{k+1}$$

$$=\frac{5}{3}+\frac{4}{9}\cdot\frac{1-\left(\frac{2}{3}\right)^{n-1}}{1-\frac{2}{3}}=\frac{5}{3}+\frac{4}{9}\left\{3-3\cdot\left(\frac{2}{3}\right)^{n-1}\right\}$$

$$=3-\frac{2^{n+1}}{3^n}\quad\cdots\cdots②$$

②の右辺は，$n=1$ のとき，$3-\dfrac{2^2}{3}=\dfrac{5}{3}$ となり，初項 c_1 と一致する。

よって，$c_n=3-\dfrac{2^{n+1}}{3^n}$ であり，数列 $\{a_n\}$ の一般項は，

$$\boldsymbol{a_n}=3^nc_n=3^n\left(3-\frac{2^{n+1}}{3^n}\right)=\boldsymbol{3^{n+1}-2^{n+1}}$$

問 次のように定められる数列 $\{a_n\}$ の一般項を求めよ。

$a_1=2,\quad na_{n+1}=(n+1)a_n+3$

教科書 p. 122

ガイド 漸化式の両辺を $n(n+1)$ で割ることにより，前問と同様にして，階差数列の漸化式の形に帰着させることができる。

探究編

解答 漸化式の両辺を $n(n+1)$ で割ると,

$$\frac{a_{n+1}}{n+1}=\frac{a_n}{n}+\frac{3}{n(n+1)}$$

ここで, $c_n=\dfrac{a_n}{n}$ で定まる数列 $\{c_n\}$ を考えると, この数列は,

$c_1=\dfrac{a_1}{1}=2$, $c_{n+1}=c_n+\dfrac{3}{n(n+1)}$ を満たし, 数列 $\{c_n\}$ は, 階差数列の一般項が $\dfrac{3}{n(n+1)}$ である数列となる。

したがって, $n\geqq 2$ のとき,

$$\begin{aligned}c_n&=c_1+\sum_{k=1}^{n-1}\frac{3}{k(k+1)}=2+\sum_{k=1}^{n-1}\frac{3}{k(k+1)}\\&=2+3\sum_{k=1}^{n-1}\left(\frac{1}{k}-\frac{1}{k+1}\right)\\&=2+3\left\{\left(\frac{1}{1}-\frac{1}{2}\right)+\left(\frac{1}{2}-\frac{1}{3}\right)+\cdots\cdots\right.\\&\qquad\left.\cdots\cdots+\left(\frac{1}{n-2}-\frac{1}{n-1}\right)+\left(\frac{1}{n-1}-\frac{1}{n}\right)\right\}\\&=2+3\left(1-\frac{1}{n}\right)=5-\frac{3}{n}\quad\cdots\cdots①\end{aligned}$$

①の右辺は, $n=1$ のとき, $5-\dfrac{3}{1}=2$ となり, 初項 c_1 と一致する。

よって, $c_n=5-\dfrac{3}{n}$ であり, 数列 $\{a_n\}$ の一般項は,

$$\boldsymbol{a_n}=nc_n=n\left(5-\frac{3}{n}\right)\boldsymbol{=5n-3}$$

問 次のように定められる数列 $\{a_n\}$ の一般項を求めよ。

教科書 p.123

$$a_1=\frac{1}{2},\quad a_{n+1}=\frac{a_n}{8a_n+3}$$

ガイド 漸化式の両辺の逆数をとれば, $\dfrac{1}{a_{n+1}}=\dfrac{8a_n+3}{a_n}$ より,

$\dfrac{1}{a_{n+1}}=\dfrac{3}{a_n}+8$ となり, $c_n=\dfrac{1}{a_n}$ とおくと, 既知の形の漸化式に帰着できる。ただし, その前に, 両辺の逆数をとることが可能であること, すなわち, 数列 $\{a_n\}$ のすべての項が 0 でないことを確認する必要がある。

解答　ある n に対し，$a_{n+1}=0$ と仮定すると，$0=\dfrac{a_n}{8a_n+3}$ より，$a_n=0$ であり，これを繰り返すと，$a_1=0$ となる。

よって，「ある n に対し，$a_{n+1}=0 \Longrightarrow a_1=0$」であり，これの対偶は，「$a_1 \neq 0 \Longrightarrow$ すべての n に対し，$a_{n+1} \neq 0$」である。ここで，

$a_1=\dfrac{1}{2} \neq 0$ なので，2 以上のすべての n に対しても $a_n \neq 0$ となる。

よって，漸化式の両辺の逆数をとると，$\dfrac{1}{a_{n+1}}=\dfrac{8a_n+3}{a_n}$ より，

$\dfrac{1}{a_{n+1}}=\dfrac{3}{a_n}+8$ となり，$c_n=\dfrac{1}{a_n}$ とおくと，　$c_{n+1}=3c_n+8$

これを変形すると，$c_{n+1}+4=3(c_n+4)$ となり，数列 $\{c_n+4\}$ は初項が $c_1+4=\dfrac{1}{a_1}+4=2+4=6$，公比 3 の等比数列なので，

$c_n+4=6\cdot 3^{n-1}=2\cdot 3^n$ から，　$c_n=2\cdot 3^n-4$

よって，数列 $\{a_n\}$ の一般項は，　$\boldsymbol{a_n=\dfrac{1}{2\cdot 3^n-4}}$

探究編

問　次のように定められる数列 $\{a_n\}$ の一般項 a_n を求めよ。

教科書 p.123

$a_1=1$,　$a_{n+1}=2a_n+3n-1$

ガイド　与えられた漸化式において，n を $n+1$ におきかえた式を作り，もとの漸化式との両辺の差をとる。さらに，$b_n=a_{n+1}-a_n$ とおく。

解答　$a_{n+1}=2a_n+3n-1$　……①

①において，n を $n+1$ におきかえた式を作ると，

$a_{n+2}=2a_{n+1}+3(n+1)-1$　……②

②−① より，　$a_{n+2}-a_{n+1}=2(a_{n+1}-a_n)+3$

$b_n=a_{n+1}-a_n$ とおくと，　$b_{n+1}=2b_n+3$

これを変形して，　$b_{n+1}+3=2(b_n+3)$

ここで，①より，$a_2=2a_1+3\cdot 1-1=4$ であり，$b_1=a_2-a_1=4-1=3$ より，数列 $\{b_n+3\}$ は，初項 $b_1+3=6$，公比 2 の等比数列である。

よって，$b_n+3=6\cdot 2^{n-1}=3\cdot 2^n$ より，　$b_n=3\cdot 2^n-3$

数列 $\{b_n\}$ は数列 $\{a_n\}$ の階差数列なので，$n \geqq 2$ のとき，

$$a_n=a_1+\sum_{k=1}^{n-1} b_k=1+\sum_{k=1}^{n-1}(3\cdot 2^k-3)$$

$$=1+3\sum_{k=1}^{n-1}2^k-\sum_{k=1}^{n-1}3=1+3\cdot2\cdot\frac{2^{n-1}-1}{2-1}-3(n-1)$$

$$=3\cdot2^n-3n-2 \quad \cdots\cdots③$$

③の右辺は，$n=1$ のとき，$3\cdot2-3\cdot1-2=1$ となり，初項 a_1 と一致する。

よって，$\boldsymbol{a_n=3\cdot2^n-3n-2}$

挑戦 3 数列 $\{a_n\}$ の初項から第 n 項までの和 S_n が次の条件を満たすとき，数列 $\{a_n\}$ の一般項を求めよ。

教科書 p.123

$$S_1=1,\quad S_{n+1}-3S_n=2^{n+1}-1 \quad (n=1,\ 2,\ 3,\ \cdots\cdots)$$

ガイド 前問と同様にして，漸化式において，n を $n+1$ におきかえた式を作り，もとの漸化式との両辺の差をとる。さらに，$S_{n+1}-S_n=a_{n+1}$ であることに着目して，数列 $\{a_n\}$ に関する漸化式を導く。

解答 $a_1=S_1=1$

また，$S_{n+1}-3S_n=2^{n+1}-1 \quad \cdots\cdots①$

において，n を $n+1$ におきかえた式を作ると，

$$S_{n+2}-3S_{n+1}=2^{n+2}-1 \quad \cdots\cdots②$$

②−① より，$S_{n+2}-S_{n+1}-3(S_{n+1}-S_n)=2^{n+2}-2^{n+1}$

すなわち，$a_{n+2}=3a_{n+1}+2^{n+1} \quad \cdots\cdots③$

したがって，$n\geqq2$ のとき，$a_{n+1}=3a_n+2^n \quad \cdots\cdots④$

また，①より，$S_2=3S_1+2^2-1=6$ なので，$a_2=S_2-S_1=5$ であり，$n=1$ のとき，④の右辺は，$3a_1+2=5$ なので，④は $n=1$ のときも成り立つ。ゆえに，④はすべての自然数 n について成り立つ。

④の両辺を 2^{n+1} で割ると，$\dfrac{a_{n+1}}{2^{n+1}}=\dfrac{3}{2}\cdot\dfrac{a_n}{2^n}+\dfrac{1}{2}$

ここで，$c_n=\dfrac{a_n}{2^n}$ で定まる数列 $\{c_n\}$ を考えると，この数列は，

$c_1=\dfrac{a_1}{2^1}=\dfrac{1}{2}$，$c_{n+1}=\dfrac{3}{2}c_n+\dfrac{1}{2} \quad \cdots\cdots⑤$ を満たす。

⑤を変形すると，$c_{n+1}+1=\dfrac{3}{2}(c_n+1)$ となり，数列 $\{c_n+1\}$ は初項 $c_1+1=\dfrac{1}{2}+1=\dfrac{3}{2}$，公比 $\dfrac{3}{2}$ の等比数列であるから，

$c_n+1=\dfrac{3}{2}\cdot\left(\dfrac{3}{2}\right)^{n-1}=\left(\dfrac{3}{2}\right)^n$ より，$c_n=\left(\dfrac{3}{2}\right)^n-1$

よって，数列 $\{a_n\}$ の一般項は，

$$\boldsymbol{a_n}=2^n c_n=2^n\left\{\left(\frac{3}{2}\right)^n-1\right\}=\boldsymbol{3^n-2^n}$$

注意　$a_{n+2}=3a_{n+1}+2^{n+1}$ ……③ において，$n+1$ は 2 以上なので，③において，$n+1$ を n におきかえた式 $a_{n+1}=3a_n+2^n$ ……④ はあくまで $n \geqq 2$ において成り立つ式である。したがって，④が $n=1$ のときにも成り立つかどうかを確認する必要がある。

多様性を養おう

教科書 p.123　次の漸化式で定められる数列 $\{a_n\}$ の一般項を求めてみよう。

$$a_1=1, \quad a_{n+1}a_n+2a_{n+1}-a_n=0$$

ガイド　漸化式の両辺を a_na_{n+1} で割ると，$1+\dfrac{2}{a_n}-\dfrac{1}{a_{n+1}}=0$ となり，

$c_n=\dfrac{1}{a_n}$ とおけば，既知の形の漸化式に帰着できる。ただし，その前に，両辺を a_na_{n+1} で割ることが可能であること，すなわち，数列 $\{a_n\}$ のすべての項が 0 でないことを確認する必要がある。

解答　ある n に対し，$a_{n+1}=0$ と仮定すると，$0+2\cdot 0-a_n=0$ より，$a_n=0$ であり，これを繰り返すと，$a_1=0$ となる。

よって，「ある n に対し，$a_{n+1}=0 \Longrightarrow a_1=0$」であり，これの対偶は，「$a_1 \neq 0 \Longrightarrow$ すべての n に対し，$a_{n+1} \neq 0$」である。ここで，$a_1=1 \neq 0$ なので，2 以上のすべての n に対しても $a_n \neq 0$ となる。

よって，漸化式の両辺を a_na_{n+1} で割ると，

$1+\dfrac{2}{a_n}-\dfrac{1}{a_{n+1}}=0$ より，$\dfrac{1}{a_{n+1}}=\dfrac{2}{a_n}+1$ となり，$c_n=\dfrac{1}{a_n}$ とおくと，

$$c_{n+1}=2c_n+1$$

これを変形すると，$c_{n+1}+1=2(c_n+1)$ となり，数列 $\{c_n+1\}$ は初項

$c_1+1=\dfrac{1}{a_1}+1=1+1=2$，公比 2 の等比数列なので，

$c_n+1=2\cdot 2^{n-1}=2^n$ から，

$$c_n=2^n-1$$

よって，数列 $\{a_n\}$ の一般項は，

$$\boldsymbol{a_n=\frac{1}{2^n-1}}$$

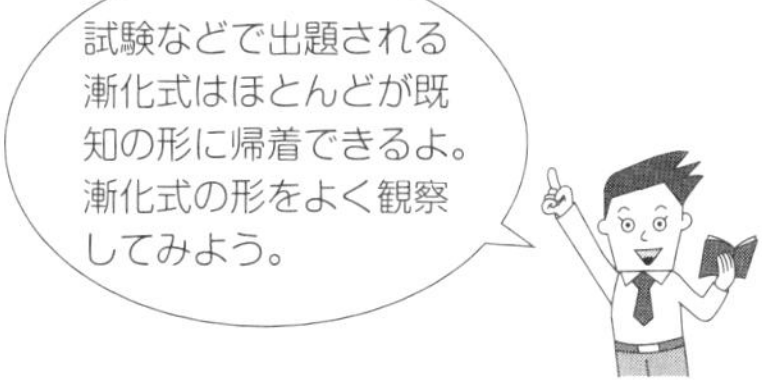
試験などで出題される
漸化式はほとんどが既
知の形に帰着できるよ。
漸化式の形をよく観察
してみよう。

偏差値

挑戦 4 Ｐテスト，Ｑテストという 2 種類の試験がある。

教科書 p.125

Ｐテストの満点は 990 点で，Ｑテストの満点は 120 点である。
前回のＰテストは，平均点は 581 点，標準偏差は 174 点で，その得点の分布は正規分布に従うとみなすことができた。この回で，Ａさんは 845 点を得点した。
また，前回のＱテストは，平均点は 83 点，標準偏差は 20 点で，その得点の分布は正規分布に従うとみなすことができた。この回で，Ａさんは 95 点を得点した。

(1) 前回のＰテストで，845 点以上得点した受験者は，およそ何％いるか求めよ。

(2) 前回のＱテストで，得点の高いほうから 5％ に入るためには，何点以上得点すればよいか求めよ。

(3) Ａさんの偏差値は，前回のＰテストとＱテストのどちらの方が高かったか答えよ。

ガイド (1) 確率変数Xが平均 m，標準偏差 σ の正規分布に従うとき，

$Z=\dfrac{X-m}{\sigma}$ は標準正規分布 $N(0,\ 1)$ に従う。$m=581$，$\sigma=174$ より，Ｐテストの得点をXとすると，$Z=\dfrac{X-581}{174}$ であり，これを用いて，$P(X\geqq 845)$ の値を求める。

(2) Ｑテストの得点をYとして，$W=\dfrac{Y-83}{20}$ とおく。

$P(W\geqq u)=0.05$ となる u を求め，$W=u$ に対応するYの値を求める。

(3) $X=845$，$Y=95$ に対応する Z，W の値を比較すればよい。

解答 (1) Ｐテストの得点をXとすると，Xは，正規分布 $N(581,\ 174^2)$ に従うから，$Z=\dfrac{X-581}{174}$ は標準正規分布 $N(0,\ 1)$ に従う。

$$P(X\geqq 845)=P\left(Z\geqq\frac{845-581}{174}\right)\fallingdotseq P(Z\geqq 1.52)$$
$$=0.5-0.4357=0.0643$$

より，**およそ 6.4％** である。

(2)　Qテストの得点をYとすると，Yは，正規分布$N(83,\ 20^2)$に従うから，$W=\dfrac{Y-83}{20}$ は標準正規分布$N(0,\ 1)$に従う。

このとき，　$P(W\geqq u)=P\left(\dfrac{Y-83}{20}\geqq u\right)$

$=P(Y\geqq 20u+83)$　……①

である。ここで，$P(W\geqq u)=0.05$，すなわち，$P(0\leqq W\leqq u)=0.45$となるuの値は，正規分布表により，$u=1.64$ であり，

$20\cdot 1.64+83=115.8$ であるから，①より，　$P(Y\geqq 115.8)=0.05$

よって，**116 点以上**得点すればよい。

(3)　偏差値の定義により，Pテスト，Qテストとおける偏差値はそれぞれ$50+10Z$，$50+10W$と表されるので，X，Yの実現値に対応するZ，Wの実現値を比較すればよい。

$X=845$ のとき，　$Z=\dfrac{845-581}{174}\fallingdotseq 1.52$

$Y=95$ のとき，　$W=\dfrac{95-83}{20}=0.6$

$Z>W$ なので，Aさんの偏差値は，**Pテスト**の方が高い。

探究編

柔軟性を養おう　1

教科書 p.125　偏差値が100より大きくなることはあるだろうか。また偏差値が0より小さくなることはあるだろうか。偏差値の定義に基づいて説明してみよう。

ガイド　$T=50+\dfrac{X-m}{\sigma}\times 10$ において，適当なXの値とmを設定し，実例を挙げて，それぞれの場合が存在することを示せばよい。数値の設定を極端にするとよい。

解答　(例)　100点満点のテストの標準偏差をσとする。

平均点が10点のとき，100点をとったとすると，偏差値は，

$$50+\frac{100-10}{\sigma}\times 10=50+\frac{900}{\sigma}$$

よって，$\dfrac{900}{\sigma}>50$，すなわち，$0<\sigma<18$ のとき，偏差値は100より大きくなる。

また，平均点が 90 点のとき，0 点をとったとすると，偏差値は，

$$50+\frac{0-90}{\sigma}\times10=50-\frac{900}{\sigma}$$

同様にして，$0<\sigma<18$ のとき，偏差値は 0 より小さくなる。

柔軟性を養おう 2

教科書 p.125 全部で n 人の生徒が受験した試験で，それぞれの生徒の得点は x_1，x_2，……，x_n で，偏差値は y_1，y_2，……，y_n であった。このとき，偏差値 y_1，y_2，……，y_n の平均が 50，分散が 100 となることを証明してみよう。

ガイド $T=50+\dfrac{X-m}{\sigma}\times10$ において，$E(X)=m$，$V(X)=\sigma^2$ であることを押さえたうえで，$E(aX+b)=aE(X)+b$，$V(aX+b)=a^2V(X)$ などの性質を用いて，$E(T)$，$V(T)$ を計算する。

解答 生徒の得点を X とし，$E(X)=m$，$V(X)=\sigma^2$ とすると，偏差値 T は，

$$T=50+\frac{X-m}{\sigma}\times10=\frac{10}{\sigma}\cdot X-\frac{10m}{\sigma}+50$$

$$E(T)=E\left(\frac{10}{\sigma}\cdot X-\frac{10m}{\sigma}+50\right)=\frac{10}{\sigma}E(X)-\frac{10m}{\sigma}+50$$

$$=\frac{10m}{\sigma}-\frac{10m}{\sigma}+50=50$$

$$V(T)=V\left(\frac{10}{\sigma}\cdot X-\frac{10m}{\sigma}+50\right)=\frac{100}{\sigma^2}V(X)=\frac{100}{\sigma^2}\cdot\sigma^2=100$$

よって，偏差値の平均は 50，分散は 100 である。

両側検定と片側検定

挑戦 5 発芽率が 50 % といわれている植物の種を 100 個植えたところ 40 個が発芽した。この種の発芽率は 50 % より小さいといえるだろうか。有意水準 5 % で仮説検定せよ。

教科書 p.127

ガイド 教科書 p.87〜95 で扱われている仮説検定は，棄却域を分布の両側に設定した仮説検定である。このような仮説検定を両側検定という。これに対し，棄却域を分布の片側に設定する仮説検定を片側検定という。本問は，「50％ より小さい」かどうかを判断するので，片側検定が妥当である。なお，母比率に関する仮説検定であるので，母比率が p，標本比率が R，標本の大きさが n のとき，

$Z=\dfrac{R-p}{\sqrt{\dfrac{p(1-p)}{n}}}$ は近似的に標準正規分布に従うことを用いる。

解答 発芽率を p とし，帰無仮説 $H_0: p=0.5$ を立てる。

ここで，標本比率を R とすると，標本の大きさ n が十分大きいとき，

$Z=\dfrac{R-p}{\sqrt{\dfrac{p(1-p)}{n}}}$ は近似的に標準正規分布 $N(0,\ 1)$ に従う。そこで，

Z を検定統計量に選ぶと，帰無仮説 $H_0: p=0.5$ の下で，R が実現値 $\dfrac{40}{100}=0.4$ 以下の値をとる確率 P は，正規分布表より，

$$P(R-0.5\leqq 0.4-0.5)$$
$$=P\left(\frac{R-0.5}{\sqrt{\dfrac{0.5\times 0.5}{100}}}\leqq -\frac{0.1}{\sqrt{\dfrac{0.5\times 0.5}{100}}}\right)=P\left(Z\leqq -\frac{0.1}{\dfrac{0.5}{10}}\right)=P(Z\leqq -2.0)$$
$$=P(Z\geqq 2.0)=0.5-0.4722=0.0228$$

この確率 P は，有意水準 $\alpha=0.05$ より小さい。したがって，帰無仮説 H_0 は棄却されるので，この植物の種の発芽率は 50％ より**小さいといえる**。

注意 両側検定か片側検定かは，正当化したいこと，つまり，対立仮説 H_1 がどのようなものかによって判断する。本問を例にとると，

H_1：発芽率が 50％ でない $(p\neq 0.5)$ なら両側検定であるが，

H_1：発芽率が 50％ より小さい $(p<0.5)$ や，

H_1：発芽率が 50％ より大きい $(p>0.5)$ なら片側検定である。

独創性を養おう

教科書 p.127 両側検定における有意水準 5 % の棄却域は，$|\overline{X}-m|>1.96\times\frac{\sigma}{\sqrt{n}}$ を満たす実現値 $\overline{x}$ の範囲で与えられることを，教科書 92 ページで学んだ。片側検定における有意水準 5 % の棄却域を，正規分布表を利用して求めてみよう。また，片側検定における有意水準 1 % の棄却域も求めてみよう。

ガイド たとえば，有意水準が 5% のとき，対立仮説 H_1 が「母平均が m より大きい」であるとする。このとき，$Z=\dfrac{\overline{X}-m}{\frac{\sigma}{\sqrt{n}}}$ とし，正規分布表より，$P(Z>u)=0.05$ となる u を求めれば，棄却域は，$Z>u$，すなわち，$\overline{X}-m>u\times\frac{\sigma}{\sqrt{n}}$ と求まる。

解答 帰無仮説 H_0 を，H_0：母平均が m であるとする。ここで，母標準偏差を σ，標本平均を $\overline{X}$ とすると，標本の大きさ n が十分大きいとき，

$$Z=\frac{\overline{X}-m}{\frac{\sigma}{\sqrt{n}}} \quad \cdots\cdots①$$

は近似的に標準正規分布 $N(0,\ 1)$ に従う。

まず，有意水準 α を，$\alpha=0.05$ としたときの棄却域を求める。

対立仮説 H_1 が，H_1：母平均が m より大きい

であるとき，正規分布表より，

$$P(Z>1.64)\fallingdotseq 0.05 \quad \cdots\cdots②$$

①を用いれば，帰無仮説 H_0 の下で，②は，

$$P\left(\frac{\overline{X}-m}{\frac{\sigma}{\sqrt{n}}}>1.64\right)\fallingdotseq 0.05,$$

すなわち，$P\left(\overline{X}-m>1.64\times\frac{\sigma}{\sqrt{n}}\right)\fallingdotseq 0.05$

と書き直せる。

したがって，**有意水準 5% の棄却域は**，$\boldsymbol{\overline{X}-m>1.64\times\frac{\sigma}{\sqrt{n}}}$ である。

対立仮説 H_1 が，H_1：母平均が m より小さい
であるときも，同様の考え方により，

有意水準 5% の棄却域は，$\overline{X}-m<-1.64\times\dfrac{\sigma}{\sqrt{n}}$ となる。

次に，有意水準 α を，$\alpha=0.01$ としたときの棄却域を求める。

対立仮説 H_1 が，H_1：母平均が m より大きい
であるとき，正規分布表より，　$P(Z>2.33)\fallingdotseq 0.01$

$\alpha=0.05$ のときと同様に考えると，

有意水準 1% の棄却域は，$\overline{X}-m>2.33\times\dfrac{\sigma}{\sqrt{n}}$ である。

対立仮説 H_1 が，H_1：母平均が m より小さい
であるときも，同様にして，

有意水準 1% の棄却域は，$\overline{X}-m<-2.33\times\dfrac{\sigma}{\sqrt{n}}$ となる。

◆ 重要事項・公式

数 列

▶等差数列 初項 a, 公差 d, 末項 ℓ とすると, $a_n=a+(n-1)d$

$S_n=\frac{1}{2}n(a+\ell)=\frac{1}{2}n\{2a+(n-1)d\}$

▶等比数列 初項 a, 公比 r とすると,

$a_n=ar^{n-1}$

$$\begin{cases} S_n=\dfrac{a(1-r^n)}{1-r}=\dfrac{a(r^n-1)}{r-1} & (r\neq1) \\ S_n=na & (r=1) \end{cases}$$

▶いろいろな数列の和

$\sum_{k=1}^{n} c=nc$ (c は定数), $\sum_{k=1}^{n} k=\frac{1}{2}n(n+1)$

$\sum_{k=1}^{n} k^2=\frac{1}{6}n(n+1)(2n+1)$

$\sum_{k=1}^{n} k^3=\left\{\frac{1}{2}n(n+1)\right\}^2$

$\sum_{k=1}^{n} ar^{k-1}=\frac{a(1-r^n)}{1-r}=\frac{a(r^n-1)}{r-1}$ $(r\neq1)$

▶Σ の性質

$\sum_{k=1}^{n}(a_k\pm b_k)=\sum_{k=1}^{n}a_k\pm\sum_{k=1}^{n}b_k$

$\sum_{k=1}^{n}ca_k=c\sum_{k=1}^{n}a_k$ (c は定数)

▶数列 $\{a_n\}$ と階差数列 $\{b_n\}$

$a_n=a_1+\sum_{k=1}^{n-1}b_k$ $(n\geqq2)$

▶数列の和と一般項

$a_1=S_1$, $a_n=S_n-S_{n-1}$ $(n\geqq2)$

▶漸化式

■ $a_{n+1}=a_n+f(n)$

$\Longrightarrow a_n=a_1+\sum_{k=1}^{n-1}f(k)$ $(n\geqq2)$

■ $a_{n+1}=pa_n+q$ $(p\neq0,\ 1,\ q\neq0)$

$\Longrightarrow a_{n+1}-\alpha=p(a_n-\alpha)$ $(\alpha=p\alpha+q)$

▶数学的帰納法

自然数 n を含んだ命題 P が, すべての自然数 n について成り立つことを証明するには, 次の2つのことを示せばよい。

(I) $n=1$ のとき P が成り立つ。

(II) $n=k$ のとき P が成り立つと仮定すると, $n=k+1$ のときも P が成り立つ。

統計的な推測

▶確率変数の期待値

$E(X)=x_1p_1+x_2p_2+\cdots\cdots+x_np_n$

▶1次式の期待値

$E(aX+b)=aE(X)+b$

▶確率変数の分散と標準偏差

$E(X)=m$ とすると,

$V(X)=E((X-m)^2)=E(X^2)-\{E(X)\}^2$

$\sigma(X)=\sqrt{V(X)}$

▶$aX+b$ の分散と標準偏差

$V(aX+b)=a^2V(X)$

$\sigma(aX+b)=|a|\sigma(X)$

▶2つの確率変数の性質

$E(X+Y)=E(X)+E(Y)$

X, Y が独立であるとき,

$E(XY)=E(X)E(Y)$

$V(X+Y)=V(X)+V(Y)$

▶二項分布

$P(X=r)={}_n\mathrm{C}_r p^r q^{n-r}$ $(p+q=1)$

$E(X)=np$, $V(X)=npq$, $\sigma(X)=\sqrt{npq}$

▶二項分布の正規分布による近似

確率変数 X が二項分布 $B(n,\ p)$ に従うとき, n が大きければ,

$Z=\frac{X-np}{\sqrt{npq}}$ $(q=1-p)$ は近似的に標準正規分布 $N(0,\ 1)$ に従う。

▶標本平均

母平均 m, 母標準偏差 σ の母集団から, 大きさ n の標本を無作為抽出するとき, 標本平均 $\overline{X}$ の平均は, $E(\overline{X})=m$

標準偏差は, $\sigma(\overline{X})=\frac{\sigma}{\sqrt{n}}$

▶母平均の推定

母平均 m に対する信頼度95%の信頼区間は, 標本の大きさ n が大きいとき, 標本平均の実現値を $\overline{x}$, 標本の標準偏差の実現値を s とすると,

$$\left[\overline{x}-1.96\times\frac{s}{\sqrt{n}},\ \overline{x}+1.96\times\frac{s}{\sqrt{n}}\right]$$

正 規 分 布 表

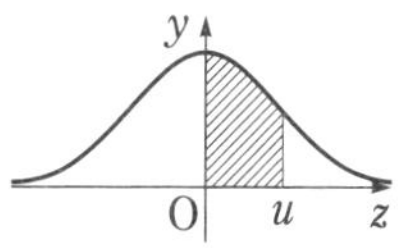

$u \to P(0 \leqq Z \leqq u)$

u	0	1	2	3	4	5	6	7	8	9
0.0	.0000	.0040	.0080	.0120	.0160	.0199	.0239	.0279	.0319	.0359
0.1	.0398	.0438	.0478	.0517	.0557	.0596	.0636	.0675	.0714	.0753
0.2	.0793	.0832	.0871	.0910	.0948	.0987	.1026	.1064	.1103	.1141
0.3	.1179	.1217	.1255	.1293	.1331	.1368	.1406	.1443	.1480	.1517
0.4	.1554	.1591	.1628	.1664	.1700	.1736	.1772	.1808	.1844	.1879
0.5	.1915	.1950	.1985	.2019	.2054	.2088	.2123	.2157	.2190	.2224
0.6	.2257	.2291	.2324	.2357	.2389	.2422	.2454	.2486	.2517	.2549
0.7	.2580	.2611	.2642	.2673	.2704	.2734	.2764	.2794	.2823	.2852
0.8	.2881	.2910	.2939	.2967	.2995	.3023	.3051	.3078	.3106	.3133
0.9	.3159	.3186	.3212	.3238	.3264	.3289	.3315	.3340	.3365	.3389
1.0	.3413	.3438	.3461	.3485	.3508	.3531	.3554	.3577	.3599	.3621
1.1	.3643	.3665	.3686	.3708	.3729	.3749	.3770	.3790	.3810	.3830
1.2	.3849	.3869	.3888	.3907	.3925	.3944	.3962	.3980	.3997	.4015
1.3	.4032	.4049	.4066	.4082	.4099	.4115	.4131	.4147	.4162	.4177
1.4	.4192	.4207	.4222	.4236	.4251	.4265	.4279	.4292	.4306	.4319
1.5	.4332	.4345	.4357	.4370	.4382	.4394	.4406	.4418	.4429	.4441
1.6	.4452	.4463	.4474	.4484	.4495	.4505	.4515	.4525	.4535	.4545
1.7	.4554	.4564	.4573	.4582	.4591	.4599	.4608	.4616	.4625	.4633
1.8	.4641	.4649	.4656	.4664	.4671	.4678	.4686	.4693	.4699	.4706
1.9	.4713	.4719	.4726	.4732	.4738	.4744	.4750	.4756	.4761	.4767
2.0	.4772	.4778	.4783	.4788	.4793	.4798	.4803	.4808	.4812	.4817
2.1	.4821	.4826	.4830	.4834	.4838	.4842	.4846	.4850	.4854	.4857
2.2	.4861	.4864	.4868	.4871	.4875	.4878	.4881	.4884	.4887	.4890
2.3	.4893	.4896	.4898	.4901	.4904	.4906	.4909	.4911	.4913	.4916
2.4	.4918	.4920	.4922	.4925	.4927	.4929	.4931	.4932	.4934	.4936
2.5	.49379	.49396	.49413	.49430	.49446	.49461	.49477	.49492	.49506	.49520
2.6	.49534	.49547	.49560	.49573	.49585	.49598	.49609	.49621	.49632	.49643
2.7	.49653	.49664	.49674	.49683	.49693	.49702	.49711	.49720	.49728	.49736
2.8	.49744	.49752	.49760	.49767	.49774	.49781	.49788	.49795	.49801	.49807
2.9	.49813	.49819	.49825	.49831	.49836	.49841	.49846	.49851	.49856	.49861
3.0	.49865	.49869	.49874	.49878	.49882	.49886	.49889	.49893	.49897	.49900
3.1	.49903	.49906	.49910	.49913	.49916	.49918	.49921	.49924	.49926	.49929
3.2	.49931	.49934	.49936	.49938	.49940	.49942	.49944	.49946	.49948	.49950
3.3	.49952	.49953	.49955	.49957	.49958	.49960	.49961	.49962	.49964	.49965
3.4	.49966	.49968	.49969	.49970	.49971	.49972	.49973	.49974	.49975	.49976
3.5	.49977	.49978	.49978	.49979	.49980	.49981	.49981	.49982	.49983	.49983
3.6	.49984	.49985	.49985	.49986	.49986	.49987	.49987	.49988	.49988	.49989
3.7	.49989	.49990	.49990	.49990	.49991	.49991	.49992	.49992	.49992	.49992
3.8	.49993	.49993	.49993	.49994	.49994	.49994	.49994	.49995	.49995	.49995
3.9	.49995	.49995	.49996	.49996	.49996	.49996	.49996	.49996	.49997	.49997